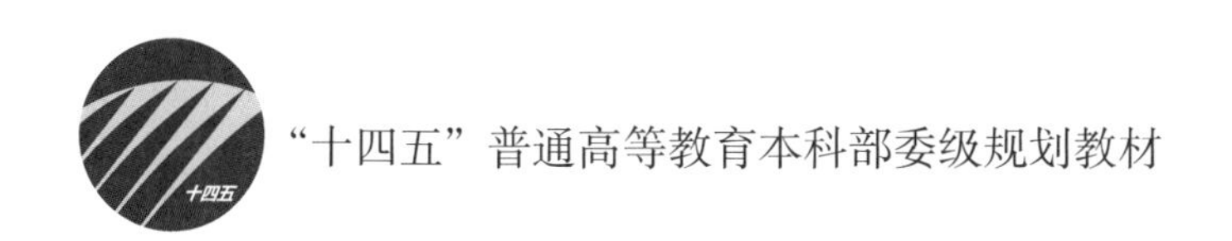

"十四五"普通高等教育本科部委级规划教材

服装款式设计

王小萌　李　正　编著

中国纺织出版社有限公司

内 容 提 要

本书为"十四五"普通高等教育本科部委级规划教材。本书将实际教学经验、专业基础理论、专业实践相结合，对服装款式设计进行全面梳理与诠释。主要内容包括服装款式设计概述、服装款式设计美学法则、服装款式设计基础、服装款式设计创作流程、常见女装款式品类、常见男装款式品类、常见童装款式品类和服装款式设计作品赏析。本书注重对服装专业学习者的系统理论知识培养与实践能力的提升，紧密结合实际，强化实用性，力图实现实践技能与理论知识的整合。

本书图文并茂，有大量实例，既可作为高等院校或职业院校服装专业教学用书，又可作为服装行业相关设计人士与广大服装设计爱好者的专业参考书，帮助读者快速掌握服装款式设计知识。

图书在版编目（CIP）数据

服装款式设计 / 王小萌，李正编著. -- 北京：中国纺织出版社有限公司，2022.10

"十四五"普通高等教育本科部委级规划教材

ISBN 978-7-5180-9682-4

Ⅰ. ①服… Ⅱ. ①王… ②李… Ⅲ. ①服装设计—高等学校—教材 Ⅳ. ① TS941. 2

中国版本图书馆 CIP 数据核字（2022）第 125447 号

责任编辑：张晓芳　　责任校对：寇晨晨　　责任印制：王艳丽

中国纺织出版社有限公司出版发行
地址：北京市朝阳区百子湾东里A407号楼　邮政编码：100124
销售电话：010—67004422　传真：010—87155801
http：//www.c-textilep.com
中国纺织出版社天猫旗舰店
官方微博http：//weibo.com/2119887771
天津宝通印刷有限公司印刷　各地新华书店经销
2022年10月第1版第1次印刷
开本：787×1092　1/16　印张：12.25
字数：230千字　定价：68.00元

凡购本书，如有缺页、倒页、脱页，由本社图书营销中心调换

前言

“十四五”时期是中国服装行业开启时尚强国建设新征程的崭新的五年，服装行业迎来了新的发展机遇，同时也面临着诸多挑战。当消费需求不断更新迭代，服装设计也被赋予了全新的时代内涵与价值。在众多纺织服装院校中，服装款式设计作为一门综合性极强的专业必修课，涵盖了服装学概论、时装画技法、服装结构设计、服装品牌营销、服装材料学等多项内容，是培养学生整合创新思维、理论联系实践的必经之路。服装款式设计是紧跟时代发展的，总是在不断更替变化的过程中创造着美。作为服装设计专业的教育工作者，我们应带领学生深入学习专业知识，培养学生设计创新思维，提升实践能力，通过系统化训练使其具备发现问题、解决问题的综合素养。

本教材由苏州大学文正学院教材项目立项资助。在编写与出版过程中，苏州大学文正学院、中国纺织出版社有限公司的领导始终给予了大力支持与帮助，在此表示崇高的敬意与由衷的感谢。本书编写时，作者参阅与引用了部分国内外相关资料及图片，在此向其作者表示最诚挚的谢意。还要感谢为本教材提供优秀设计作品案例及课程作业资料的每一位同学。

本教材是作者多年服装款式设计教学经验的总结，书中涵盖了理论基础知识、实际款式图例、优秀作品案例等，旨在为服装专业学生及从业者提供基础参考。但由于时间仓促及水平有限，内容方面还存在不足之处，在此请相关专家、学者等提出宝贵意见，以便修改。

王小萌

2022年3月

于翠微湖畔

《服装款式设计》教学内容及课时安排

章/课时	课程性质	节	课程内容
第一章 （12课时）	基础理论与 专业知识		•服装款式设计概述
		一	服装款式设计的概念与表现形式
		二	服装款式设计要素
		三	中西方近现代服装款式发展历程与设计特点
第二章 （12课时）			•服装款式设计美学法则
		一	统一与变化法则
		二	节奏与韵律法则
		三	对称与均衡法则
		四	夸张与强调法则
		五	对比与调和法则
		六	其他美学法则
第三章 （12课时）			•服装款式设计基础
		一	服装款式设计与人体美学
		二	服装款式设计风格表达
		三	服装款式设计思维凝练
		四	服装款式设计方法
第四章 （24课时）	实践训练与 创意拓展		•服装款式设计创作流程
		一	市场定位与消费者调研
		二	素材收集、灵感板创建与潮流分析
		三	服装款式系列设计分析
		四	服装款式设计草图绘制
		五	服装款式系列设计绘制要点
第五章 （12课时）	综合女装款式 设计实践		•常见女装款式品类
		一	女式上装
		二	女式裤装
		三	女式裙装
第六章 （12课时）	综合男装款式 设计实践		•常见男装款式品类
		一	男式上装
		二	男式裤装
第七章 （12课时）	综合童装款式 设计实践		•常见童装款式品类
		一	儿童上装
		二	儿童裤装
第八章 （4课时）	案例赏析与设计实践		•服装款式设计作品赏析

注　各院校可根据本校的教学特色和教学计划对课程时数进行调整。

目录

基础理论与专业知识——

服装款式设计概述

课题名称： 服装款式设计概述

课题内容： 服装款式设计的概念与表现形式
服装款式设计要素
中西方近现代服装款式发展历程与设计特点

课题时间： 12课时

教学目的： 通过服装款式设计概述学习，学生全面了解服装款式设计的概念与表现形式、服装款式设计要素、中西方近现代服装款式发展历程与设计特点。

教学方式： 教师PPT讲解基础理论知识。根据教材内容及学生的具体情况灵活制定课程内容。加强基础理论教学，重视课后知识点巩固，并安排必要的练习作业。

教学要求：
1. 要求学生进一步了解服装款式设计的定义及设计要素，了解中西方近现代服装款式发展历程等。
2. 课前及课后提倡学生多阅读关于服装款式设计相关基础理论书籍。课后对所学理论进行反复思考与巩固。

第一章　服装款式设计概述

服装款式设计是服装设计过程中的重要环节之一，也是服装美学的重要基础。服装设计师以服装整体造型效果为出发点，在进行服装外部廓形设计之后，根据服装内部结构造型与局部细节变化进行系列设计。服装款式设计流程主要包括市场调研、素材收集、灵感汲取、主题构思、外部廓形设计、内部结构设计与局部细节设计等多项内容。此外，还包括了绘制草图、效果图、款式图等一系列设计程序。对服装设计师而言，只有在熟练地掌握相关专业技能与方法之后，才能全面系统地展开设计工作。

第一节　服装款式设计的概念与表现形式

服装款式设计是结合时尚潮流、艺术文化、面料工艺的综合体，具有较强的实用性。服装设计师不仅要掌握服装款式设计理论概念，而且要在实践中不断探索服装款式美学变化规律与表现形式。同时，还须具备一定的生理学及心理学知识，从而准确地把握服装款式设计中造型与装饰艺术之间的关系，最终实现服装款式从整体到局部的和谐统一。

一、服装款式设计概念

服装款式设计是指在不同的社会、文化、艺术环境中，依据人们的审美需求与喜好，运用特定的思维形式或设计方法，将脑海中的设计构思以绘图形式表现出来的过程。它既是服装设计中的重要组成部分，也是我国高等教育院校服装设计专业中的一门必修课程。由于服装设计专业学习过程的特殊性，通常学生的感性形象思维较为敏锐，逻辑思维能力则相对薄弱。因此，在教学过程中一般多采用主题式或项目式教学，这对于提升学生的实践能力具有重要意义。

服装款式设计主要由两部分组成：一是服装外部廓形设计，二是服装内部结构设计。

（一）外部廓形设计

服装造型的总体印象是由服装廓形所决定的，任何服装造型都有一个正视或侧视的外观轮廓，这就是服装流行趋势预测和研究中常常提及的“廓形”。服装廓形是指服装的外部造型剪影，也称外部廓形、侧影、剪影（图1–1），英语称为“Silhouette”或“Line”。当服装的廓形、结构、面料等被辨别之前，人们对一套服装的视觉印象首先来自其整体轮廓。由此可见，服装的外部廓形对服装款式设计有着极大的视觉影响。

服装外部轮廓线是设计师表达人体美的重要方法之一。几乎所有优秀的服装设计作品

图1-1　服装外部廓形剪影

都有着优美的外部轮廓线，这一重要的外形特征是服装款式设计的关键要素。服装款式的流行预测是从服装廓形变化起步的，设计师将其作为流行款式的基准，并通过一定的整理与分析，不断观察其演变规律。如款式流行要素、图案花型、制作工艺、结构细节、色彩变化、面料肌理及装饰配件等，进而更好地预测服装款式流行趋势。服装设计师通过深入调研服装市场变化并对穿着者的外在形象特征、内在心理特征及空间因素进行有效的系统性分析，以不断创新的思维模式进行设计再造。

（二）内部结构设计

内部结构设计是指服装内部的分割线、口袋、纽扣等结构细节，它与服装款式的外部廓形设计是互相关联且密切统一的。服装内部结构分割线、口袋位置及形状变化会直接影响服装的整体视觉效果，如服装内部结构线、省道线、纽扣、带襻等局部细节。尽管它们在服装整体中的所占比例较小，但会间接影响服装整体造型与风格特征，是不容忽视的重要组成部分。当服装设计师将设计重点巧妙运用于这些细节之中时，往往可以起到画龙点睛的作用。

服装款式内部结构设计必须以人体结构为依据，要始终符合人体运动规律及服装结构裁剪的原理。由于人体结构具有一定的复杂性，而服装又是穿着于人体之上的，因此，服装设计师需要充分考虑人体各部位的比例、起伏等关系。除了要全面体现服装款式图稿的精准性以外，还应了解与掌握人体及服装比例、尺寸的概念，如头围、颈围、胸围、腰围、臀围、肩宽、前胸宽、后背宽、臂长、下肢长等人体关键部位（图1-2）。

（三）款式设计程序

服装款式设计程序是指服装设计的组织者、实施者通过借助物质材料来实现服装创作意图稿的整个过程。从表面上来看，它主要包括服装设计具体创作步骤；从本质上看，它所涉及的内容并不像表面那么浅显。服装设计师除了要对服装本身的构成因素、形式美原理等方面进行细致构思之外，还要对其他相关设计要素进行广泛而深入的研究。如服装市场调研、服装产品设计定位、服装品牌设计的意义、服装设计创作灵感、服装流行趋势等。对于一名

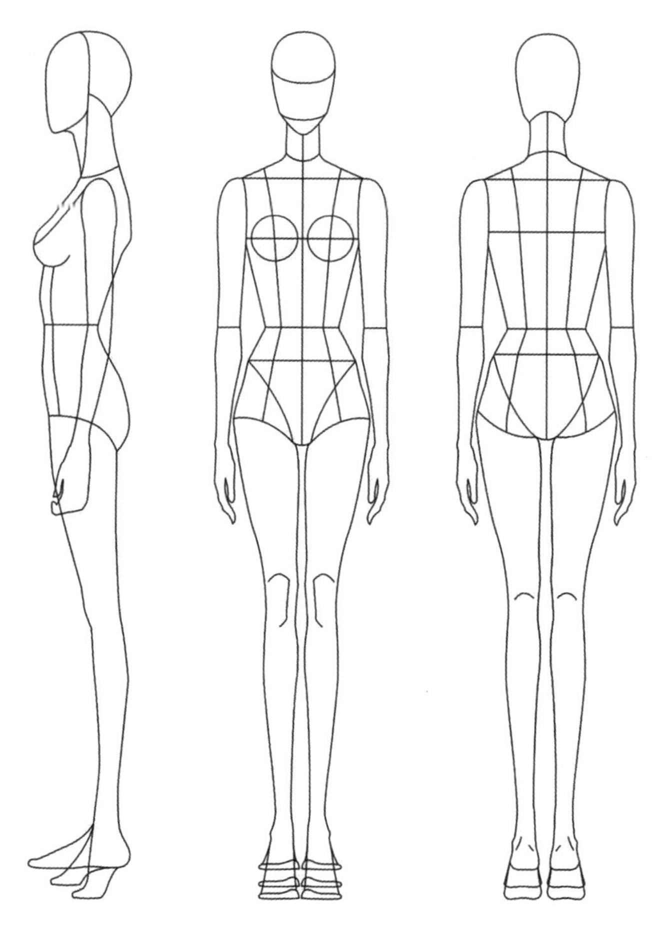

图1–2 人体结构图

合格且优秀的服装设计师而言，能否正确理解、科学认识、熟练运用相关专业知识是考验其设计水平的重要参照指标，也是开启服装设计的第一步。

二、服装款式设计表现形式

（一）手绘款式图

手绘款式图是服装设计师表达设计意念的关键环节，是设计师用来与他人沟通设计理念的重要依据。通常来讲，徒手绘制的服装款式图线条较为自然、流畅，具有一定的张力。不仅能够方便、快速地呈现服装款式特点，而且可以较好地保留手绘时的笔触感，彰显作品风格（图1–3）。当服装设计师在进行市场调研时，通常会以手绘的形式来随时记录服装特征。在一些服装企业中，服装设计师也会借助直尺、圆规等工具辅助绘制。这类款式图通常具有严谨、规范、清晰的特征，能够细致地表现服装各部位特征，也时常被用来指导服装生产，被称为“生产款式图”（图1–4）。

1. 手绘款式图特征

手绘是服装款式图主要表现形式之一。作为最初的设计构思，它既是服装设计师在捕捉到设计灵感后进行快速构思与粗略记录的关键一环，也是向客户或其他工作人员传递

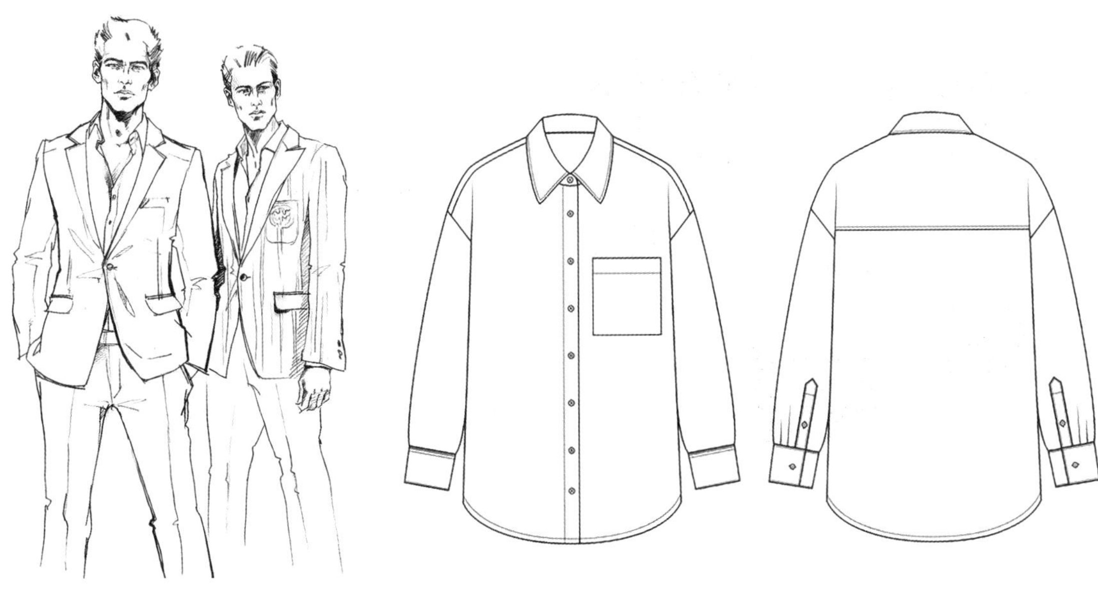

图1-3　手绘款式图　　　　图1-4　生产款式图

设计理念的有效表达方式之一。从最终的服装视觉效果来看，手绘款式图的表现形式起到了方向性指引作用，其快捷、简练的绘制形式彰显出服装款式图最为直观的视觉效果。多数服装设计师通过收集、整理相关资料记录瞬间及思维创作过程，以干净、利落的手绘线条迅速勾勒出服装款式特征，使那些看似纷乱、无序的思维点衍生出许多精彩的设计细节。

2. **手绘款式图工具**

近年来，手绘工具品类愈加繁多，许多服装设计工作者通过选择不同种类的绘制工具，呈现出多样化的手绘风格。在手绘工具品类中，主要有铅笔、水彩、水粉、马克笔、彩色墨水等（图1-5）。在纸张方面，由于品类较为繁多，服装设计师一般会根据自己的需要来选择绘画纸张，如质地较为厚实的水彩、水粉画纸（图1-6），白卡纸（双面卡、单面卡），铜版纸，描图纸等均可使用。此外，还有一些进口的马克笔纸、插画所用的冷压纸及热压纸、合成纸、彩色纸板、转印纸、花样转印纸等都是绘图的理想纸张。

（二）计算机款式图

随着社会生产力的提高与科学技术的发展，计算机已被普遍应用于各行各业中，不仅处于举足轻重的核心位置，而且带来了革命性的发展与变化。当下科学技术高度发展，计算机操作已广泛替代了手工操作。手绘款式图所呈现的风格虽轻松、自然，但所耗时间较长、不便于修改，已逐渐不适合快节奏、高效率的现代服装产业。计算机款式图现已成为服装设计师进行服装设计时最常见的表现载体之一。在这场变革的影响下，作为传统产业之一的服装领域也迎来了新的发展空间与契机。对于多数服装企业来说，运用先进的生产技术更为便捷、高效，也是企业在激烈的市场竞争中的核心立足点。

1. **计算机款式图特征**

计算机款式图与手绘款式图方法类似，一般是指将服装图片或已经生成的款式图输入服

图1-5 手绘上色工具

图1-6 手绘水彩纸

装软件中。在软件界面中，通过使用相关绘制工具对服装款式进行勾画，如钢笔工具等，而后直接删除服装原稿即可。在绘制过程中，若没有相关服装款式图作为参照，则需要前期对服装款式有一定的理解与构思，或是置入人体模板中绘制。如果对服装比例把握不准，可采用坐标取格法等。在绘图之前首先绘制出中心线、服装比例线、肩线、胸围线、腰围线、臀围线以及膝围线等，之后在此基准线上绘图。最后，针对绘制完成的黑白线描图进行色彩及面料填充与处理（图1-7）。现今，计算机款式图绘制法已因其方便快捷的特点被现代服装企业广泛运用。

图1-7 计算机款式图

2. **计算机款式图工具**

在如今的服装款式设计领域中，采用计算机辅助软件设计进行服装款式设计与绘图是服装设计师必备的专业技能之一。目前，计算机款式图的应用软件主要有Photoshop、

Illustrator、Coreldraw等（图1–8）。计算机款式图的绘制时常会用到矢量图软件Illustrator、Coreldraw等。其中，Coreldraw操作较为简单、快捷，对锚点的编辑是它的优势之一，但图形编辑处理效果不如Illustrator丰富多样。同样是绘制矢量图的Illustrator软件功能则非常强大，利用钢笔工具、图形工具、网格工具及丰富的资料库等可以制作出各种复杂的图形，经常被设计师用来进行服装图案设计。Illustrator的图形工具使得制作服装款式图的过程更加简单、快捷，利用其滤镜与色板工具也可以制作出面料肌理与立体效果。此外，Illustrator在服装款式图绘制方面虽应用较为广泛，但它对图片后期的处理效果不如Photoshop丰富且易操作。

图1–8　计算机绘图软件

精致的服装款式图应当线条流畅、自然，面料肌理丰富，图案精致、美观，能够直观地体现服装的特点。Illustrator制作款式图线稿和图案功能强大，适合制作服装款式图。而Photoshop图片处理功能强大，适合制作服装款式图的面料肌理和阴影等立体效果。将二者结合使用，服装款式图的呈现效果将更加精准、便捷。Procreate是一款专为iPad设计的绘画创作应用软件，深受插画师、设计师及艺术家等人士的喜爱。它为创作者提供了数百种精致画笔、系列创意艺术工具、高级图层系统及超快的绘图引擎，可以协助创作者绘制出精美的画作（图1–9）。

图1–9　Procreate绘画界面

三、服装款式图绘制原则

（一）比例准确

比例的准确性与严谨性对绘制服装款式图具有积极的指导意义。从服装款式设计角度来看，服装比例主要表现为服装设计元素各部分数量的关系比，它是正确勾画款式图的重要依据之一。就一件服装而言，主要体现在服装的长宽比、局部与局部之间、局部与整体之间的长短等。如袖子长度与下摆之间的差数，口袋大小及在整个前片的位置，领子的宽度、高度及与衣身的相对关系等。在服装企业中，款式图的绘制常以人体比例、相关参考线等为依据，如肩线，腰线、腋下线、横裆线、膝围线等。在套装或系列服装绘制过程中，还应考虑上装与下装或者系列之间的比例关系。在常用服装款式图表现中，应重点体现形式美法则等，如以人体比例作为绘制依据时，应重点体现服装比例的严谨性。

（二）结构严谨

严谨性、实用性、艺术性是服装款式图中的重要属性，如开口方式、系结物、分割线、美观度等。在绘制过程中，一方面线条要有始有终，粗细不一且形式多变，符合绘制审美准则；另一方面则要在人体自然形态的基础上，熟练运用点、线、面、体等形式美法则，准确表现其外部造型与内部结构，达到服装工艺制作与穿着的具体要求。

（三）表达完整

服装款式图表达的完整性主要体现在全面、直观、多维度等内容方面，如领部、袖部、肩部、口袋内部、配饰等。其中，款式细节的完整表达是不可或缺的内容之一。如在一些较为复杂的款式结构中，当正面及背面款式图已不能完全准确表达其服装款式细节时，那么就可以根据实际需求选择绘制局部细节，通过放大某一局部细节来表现服装款式结构的完整性。

（四）运用合理

服装款式图的合理性主要包括两个方面，一是经济合理性，二是工艺设计合理性。服装企业以盈利为目的，经济合理性即成本控制。因此，在服装设计之初要认真考虑成本问题。其中，款式图的绘制就是成本控制理念的具体实施过程之一。在绘制服装款式图时，服装的每一部位所使用的材料都须尽可能发挥其经济与合理价值。如在绘图之前应充分了解服装的裁剪、缝制等基本知识，包括服装衣片接缝线、省道、褶裥、口袋等，各种镶嵌补绣等工艺以及服装局部造型设计。因此，在绘制过程中需要考虑服装工艺细节是否适合服装面料的性能，协助制板与缝制人员读懂款式图，减少样衣制作所重复的次数等，使其顺利进入生产与销售程序。

第二节　服装款式设计要素

服装款式设计要素主要由三部分组成，一是外部廓形设计，二是内部结构设计，三是服装局部细节设计，三者既相互制约，又相辅相成。准确把握服装款式设计要素之间的关系及发展变化规律，并将它们进行巧妙结合，从而展现出服装设计作品的丰富内涵与风格特征，达到设计审美与技法运用的综合体现。

一、服装外部廓形设计要素

廓形是服装造型的根本。它进入人们视觉的速度和强度高于服装的内部结构与局部细节，地位仅次于色彩。因此，从某种意义上来说，色彩和廓形决定了一件服装带给观者的总体印象。服装外部廓形是服装款式造型的第一要素。当服装设计师的创意灵感层出不穷时，服装外部廓形的呈现形式也愈加丰富多样。在不同历史时期与社会文化背景下，服装外部廓形会呈现出不同的形态。作为设计要素之一，服装外部廓形不仅能够直接影响人们的视觉体验，而且对服装整体造型有着承上启下的重要作用。服装的主体是人体，其造型变化也是以人体为基准展开的。人体的肩部、胸部、腰部、臀部是支撑服装造型的关键部位，它们与千变万化的服装外部廓形有着密不可分的关系。服装设计师可针对人体的关键部位展开不同程度的强调或局部掩盖，从而形成丰富多样的外部廓形。

按照服装外部廓形特征，通常有三种命名方法：一是字母命名法（图1-10）。如A型、H型、T型、O型、X型等。A型是指由腋下逐渐变宽的服装廓形，造型较为优雅、端庄。一般常见于女式大衣、裙装等品类中。H型是指自上而下为筒形的廓形，通常腰部不作收紧处理，给人以简约、修长的视觉印象，具有严谨、庄重的风格特征，通常适用于运动装、休闲装、家居服等品类中。T型服装廓形的主要特征是夸张肩部、下摆内收形成上宽下窄的廓形。O型服装廓形则是肩部、腰部及下摆处没有明显的棱角，特别是腰部线条宽松，形成椭圆形的廓形。X型服装廓形特点为宽肩、收腰及自然的下摆，如明显的胸部、腰线、臀线等。这种廓形具有柔美的女性化风格特征，最能体现女性端庄、典雅的气质，适用于高级时装及各种礼服等。二是几何命名法（图1-11）。任何服装的外部廓形都可以概括为由单个或多个几何体所组成，如方形、三角形、圆形、菱形、锥形、梯形、球形等。三是自然事物命名法，如郁金香形、酒杯形、喇叭形等（图1-12）。

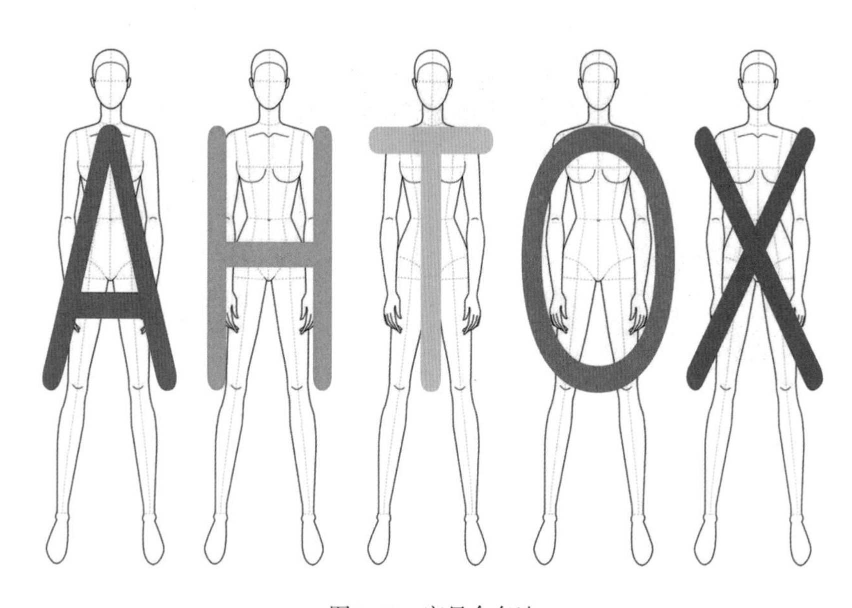

图1-10　字母命名法

当我们在赏析服装设计大师们的作品时，并不能以单一的廓形结构去简单地定义这些设计作品，它们通常是多种不同廓形的变化组合。如单一形式的字母造型，多种形式的字母组合造型，单一几何体或多种几何体排列组合造型等，这些以多种廓形相结合的设计形式是现代服装款式设计中的常见表现形式。如今，简单的服装外部廓形设计已不能完全满足大众的时尚审美需求，多样化廓形设计已成为现代服装潮流的风向标之一，也诠释着当下多元化服装款式设计新风貌。

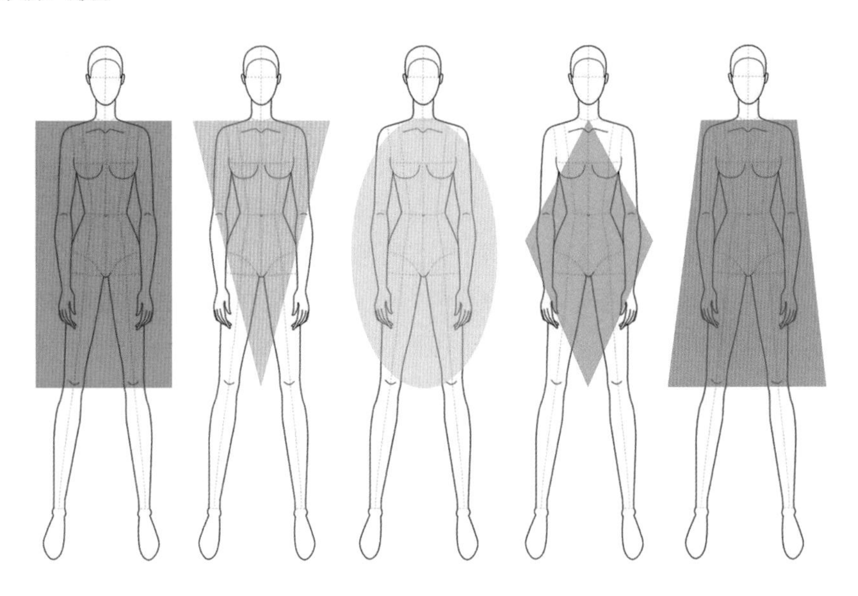

图1-11　几何命名法

图1-12　自然事物命名法

二、服装内部结构设计要素

服装外部廓形设计与服装内部结构设计是相辅相成的。服装设计师的设计能力及对流行资讯的实践能力可以直接通过服装内部结构设计进行展现。其中，丰富多样的服装内部结构设计不仅可以增加服装本身的功能性，而且可使服装本身更加符合形式美法则的要求。与服装内部结构设计相比，服装外部廓形的设计相对单一且稳定，而内部结构设计则能够带给服装设计师无限的想象与发挥空间。如可以在服装款式细节、局部设计上寻找突破点，为服装款式不断增添亮点。总体来看，服装内部结构设计对应了服装款式个性特征，而服装外部廓形设计则对应了服装整体风格，两者缺一不可。如果服装局部缺少了个性特征会失去艺术表现力，进而使服装的整体风格缺少亮点；如果服装的整体风格和款式个性特征不相符，那么会使服装显得不伦不类，甚至产生不良的视觉感官效果。因此，服装的外部廓形设计与内部结构设计一定要相互映衬，从而达到和谐、美观的形态效果。

三、服装局部细节设计要素

服装局部细节设计要素主要包括领部造型、袖部造型、外部口袋造型等。无论服装内部结构如何变化，适当把握与统一服装内外造型风格是十分重要的。由于服装的局部造型并非独立存在，因而服装各局部与细节之间应互相关联、主次清晰。如果一件服装的局部设计没有特点，那么会使整件服装看上去缺少内容；但当一件服装的每个局部都各有特点时，又会使服装整体看上去视点繁多、过于凌乱，反而缺乏其应有的特色。因此，处理好局部与整体的关系是服装设计师进行款式设计的关键要点，既要相互协调统一，又要做到主次分明、重轻有度。服装局部设计并不需要面面俱到，更不能画蛇添足。若想要使设计作品的细节内容更为丰富，设计师在设计中不能仅对各种局部做出改变，还要在设计中充分表达作品自身的内涵，以点睛之笔使服装整体骤然增色。

服装整体风格受服装局部细节设计的影响，如果局部细节发生了一定变化，那么同款型的服装也会产生完全不同的视觉效果。如对服装局部造型的前后、左右、上下、内外、正反进行适当调整，通过非常规组合设计产生令人意想不到的服饰风格。例如，可通过省道变化使平面状的面料与复杂的人体曲面相结合。改变省道、褶裥的位置及大小，从而使衣片块面的大小和形状塑造出各种不同的形态，达到衬托美化人体的目的。在服装局部设计中，每一条分割线、省道、褶裥的位置都可以对服装整体风格产生重要影响，其作用不可小觑，需要设计师反复推敲。现今的服装设计师更加重视服装局部的完整性与细节性呈现，强调服装内部结构及局部设计的多样化。

一些服装设计师为了满足部分消费群体追求个性和强调自我的心理需求，通过制造服装外部廓形与内部结构之间的矛盾强调局部造型与细节设计，刻意展现不协调感，追求视觉反差对比，以期呈现新奇的设计效果，使一些服装设计作品充满强烈的叛逆感与荒诞感。

第三节 中西方近现代服装款式发展历程与设计特点

现今，时尚早已成为人们日常生活的重要组成部分之一，许多新兴事物的出现不断冲击与更新着人们的观念，同时也影响着人们的生活方式。服装作为历史形象的代言人，以自身独有的方式诠释着百年来所发生的时尚变革，体现了中西方近现代服装款式所具有的不同时代特点。

一、中国近现代服装款式发展历程与设计特点

中国近现代服装款式发展变化与时代变迁有着非常紧密的联系。这一时期所出现的服装款式可以视为社会变化的标志，也是中西方文明融会贯通下的产物，具有显著的时代风貌。

（一）晚清时期

近代以来，中国社会长期处于动荡不安与风雨飘摇之中，一系列重大的政治变革影响着中国服饰的演变，也不断重塑着中国民众的着装形象。由于社会政治环境的影响，晚清成为中国服装形制改变历史上的重要时期。在第二次鸦片战争之前，国人的服装一直延续着清朝时期繁缛、复杂的服装制度。直到19世纪60年代后期，一些有识之士逐渐意识到原有服装制度的落后，他们认为当时国人的着装习惯及传统旧俗已成为妨碍中国进步的障碍之一。晚清时期人们的着装形式是保守且不便的，如男人留长发、梳辫子等，这些都是不便于劳作的着装习惯（图1–13）。在戊戌变法期间，康有为就曾上书专门提出有关服制的变革。从某种程度上来看，这些观念是受到西方文明影响的时代产物。直到1900年后，民间关于服制改革的措施越来越多，随后清政府正式提出改革服装制度。

图1–13　晚清时期男子服饰

（二）民国时期

辛亥革命以后，中华民国分别于1912年与1929年颁布了服制条例，主要明确人人平等的民主标准，打破了晚清时期等级森严的服制规定。无论是总统或平民百姓，自上而下服装形制统一，只对性别及不同场合进行着装要求。两次服制条例的颁布明确了西式服装在中国的合法性，奠定了中西服装形制并存的发展基石。“剪辫易服”成为当时重要的成果之一，使国人在着装上发生了重要的变化，这一象征自由、不受约束的新风尚具有重大的政治意义与社会意义。由于政治上取消了封建等级制度的限制，长袍、马褂、中山装及西装逐渐成为当时男性的主要装束（图1–14、图1–15），而不同地区文化和职业的差异性也在一定程度上影响着男性着装。追随孙中山革命理想的人士希望穿上象征进步的中山装，这一款式被烙上了强烈的政治印记。如上衣的四个口袋分别代表了中国传统文化观念，即礼、义、廉、耻；衣襟上的五粒纽扣象征着五权分立的新型政治体制观念；袖口的三粒纽扣则隐喻着孙中山先生毕生所倡导的“三民主义”的政治理想。

图1-14　民国长袍示意图

图1-15　民国中山装

民国时期的女性不仅在思想上受到了西方影响，而且在着装上也引领潮流，服装样式层出不穷。民国初年，女式袄裙在国内渐渐风靡开来（图1-16），成为当时女性着装的主要款式之一。如上穿窄而修长的高领衫袄，下穿黑色长裙，不施绣纹，朴素淡雅，被称为“文明新装”，颇受大众女性的喜爱。1929年，中华民国政府将旗袍定为国家礼服之一（图1-17）。虽然其定义和产生的时间至今仍存有诸多争议，但旗袍依然是中国悠久服饰文化中最绚烂的形式之一。而后，在外来文化的影响下，旗袍逐渐缩短长度，收紧腰身，至此

图1-16　女式袄裙

图1-17　女式旗袍

形成了富有中国特色的改良旗袍。衣领紧扣，曲线鲜明，加以斜襟的韵律，衬托出端庄、典雅、沉静、含蓄的东方女性芳姿。自古以来，中国女性服装大多采用直线形的平直状态，没有明显的曲线变化。旗袍的出现则使中国女性领略到了“曲线美”的风采，体现出女性优雅迷人的秀美身姿。民国时期也十分流行西式洋装，如西式连衣裙、西式大衣、西式礼服等，翻领、露肩、高跟鞋、丝袜、烫发成为当时的潮流风向标，这类服饰主要受到民国时期电影明星及名媛淑女们的青睐（图1–18）。

图1–18　身着西式连衣裙的民国电影明星及名媛

（三）1949～1999年

1949年10月1日，中华人民共和国的成立标志着中国进入了一个崭新的历史时期。在这一时期，服装形制及风格受到了来自不同阶段的政治氛围与社会环境的影响。在中华人民共和国成立之初，各行各业继续沿用中山装，进而派生出学生装、青年装、军便装等。由于绸缎面料带有些许官僚封建的刻板印象，因此花布棉袄成为中华人民共和国成立之初女性穿着最为普遍的冬装（图1–19）。人们采用具有农民文化特色的花布来制作棉衣，体现出与工农民众的亲切感。由于当时的工人、农民、解放军是社会的中坚力量。因此，蓝色工装、灰色制服、绿色军装成为标准服装（图1–20）。男女老少之间的性别与年龄界限逐渐模糊，全民服装款式、色彩、面料等都十分单调、贫乏。人们高度追求革命化、政治化的着装，如身穿绿色军便装，头戴绿色军帽，肩挎绿色书包等。此外，列宁装、布拉吉（连衣裙）在中国受到大众的欢迎（图1–21），并在中国活跃了将近二十年。

改革开放后，伴随着经济快速发展与多元文化的冲击，人们开始追求个性、时尚化的服

图1-19 花布棉袄

图1-20 绿色军便装

图1-21 身着布拉吉（连衣裙）的女性们

装。喇叭裤、花衬衣等款式的出现引起了社会的争议（图1-22），大众的时尚意识也逐渐苏醒并迅速与国际接轨。与此同时，在西方流行了半个多世纪的职业女性套装也开始受到中国女性的青睐，并成为当时女性的主要装束之一。此外，连衣裙作为年轻女性常备的时髦服饰之一，具有穿着方便、凉爽舒适的特征。如1984年《街上流行红裙子》的热播和电影本身的内容（图1-23），都说明了当时人们对于时尚的热情。此时所流行的连衣裙造型较为简洁、色彩明快，主要款式有直身裙、衬衫裙、背心裙等。到了20世纪90年代，中国服装市场开始热衷于追随国际化潮流，文化衫、休闲装、露脐装等服装款式逐渐走进大众生活。例如，当时的西方女装恰逢流行宽肩款式，为了迎合这一潮流，许多大衣、西式套装、毛衣甚至夏季女式衬衫、连衣裙中都添加了海绵垫肩来展现这一时髦元素。当时还有一种裤口加有蹬条的黑色弹力针织裤在全国城乡热卖，这种俗称“踏脚裤” 或“健美裤”的裤装款式不受年龄限制（图1–24），深受广大女性的喜爱。

图1–22　喇叭裤

图1–23　电影《街上流行红裙子》剧照

图1–24　踏脚裤（健美裤）

（四）2000年至今

自千禧年起，我国服装款式逐渐趋向多元化、个性化。服饰不再只是一种装饰，而是成为人们展现自我、彰显个性的工具。此时，我国服装行业也迎来了百花齐放、五彩缤纷的绚烂时代。一批服装企业抢占先机，许多优秀的服装设计师品牌与设计师应运而生，各地时装周如雨后春笋般诞生。21世纪伊始，亚太经济合作组织（APEC）峰会上各国领导人身着以中国传统文化为设计元素的唐装，在全球掀起了以唐装、盘扣、斜门襟为流行元素的时尚潮流（图1-25）。当中国风尚与国际接轨的同时，中国服装界开启了寻找与恢复本民族服饰文化风格的意识转变之路。随后，“中国设计”风潮在国内外市场日渐崛起，越来越多的中国服装设计师作品出现在四大国际时装周上。国人们不再盲目追逐西方品牌的脚步，开始向世界展示“中国风尚”。我国服装产业也迅速成长，逐渐由生产制造转型为具有品牌文化价值的新兴产业。以原创设计与品牌文化为核心竞争力的国潮品牌、独立设计师品牌等逐渐获得行业重视。如2022年北京冬季奥运会期间，工作人员穿着的制服装备（图1-26）一经亮相便获得好评。我国民族品牌安踏将自主研发的高科技面料与中国风设计理念相结合，彰显了传统美学与冰雪运动的跨界融合，色彩上采用了霞光红、长城灰、瑞雪白、天霁蓝等具有中国传统美学的矿物色，体现了中国文化自信与传统民族精神。伴随着我国的综合国力与国际地位的日益提高，未来将会有更多热爱中国传统文化的新生代服装设计师投身于传承中华文化，以深厚的中华文化底蕴为支撑，展现华夏文明的精深与魅力，向世界展现中国服饰之美。

图1-25　具有“中国风”元素的女性服饰

图1-26　2022年北京冬季奥运会工作装

二、西方近现代服装款式发展历程与设计特点

西方近现代服装最早出现于19世纪中后期。第一次工业革命后，西方国家的经济得到了快速发展，人们的着装观念也产生了一定变化。在经历了漫长且保守的岁月变迁后，人们对于服装的审美日渐开放，女性服饰也有了突破性的发展变革，如超短裙、比基尼泳衣、吸烟装等款式的出现标志着女性服饰进入了多元化时期。相比之下，男性服饰发展相对稳定，其总体造型皆保持着男性庄重、挺拔的特征，如晚礼服、西服套装、风衣等。此外，随着休闲娱乐及各类运动的兴起，牛仔装、户外运动服等也逐渐成为人们日常穿着的款式之一。

（一）19世纪末～20世纪20年代

1900～1910年是新样式艺术（Art Nouveau）的鼎盛期，这一时期的女装造型形态更为自然流畅，没有过分刻意的矫揉造作与夸张，不仅摒弃了烦琐的细节装饰，而且腰部及臀部的曲线更为合体、优美。与工艺美术时期的女装相比，新样式艺术时期的女装更多地会考虑穿着者的舒适性，服装整体也更加倾向现代主义，既拥有高贵奢华、注重装饰的宫廷风格特征，又不乏强调功能性的现代服装概念。如查尔斯·沃斯（Charles Worth）是新样式艺术时期最具代表性的服装设计大师（图1-27），他的作品形象地诠释了由传统走向现代的新样式服装风格，款式造型优雅而不失奢华，具有典型的新样式艺术特点。自20世纪10年代起，随着新样式艺术逐渐衰退，迪考艺术（Art Deco），也称装饰艺术，开始逐渐在欧美等国家和地区风靡开来。迪考艺术风格服装在表现形式上简单且质朴，追求自然流畅的外部廓形，强调无性别倾向的廓形特征，整体造型感较强，不会刻意彰显局部及细节设计。通常会选用对称式几何图形纹样，具有一丝硬朗的现代风格。随着女性群体在政治、经济上地位的不断提升，女性的地位发生了空前的变化，女权意识也开始渐渐萌芽。这一时期的女装款式具有“男孩风貌”的特征，女装设计多为无袖、直身、宽松款式，多采用悬垂式的剪裁方式。此外，好莱坞电影对“男孩风貌”的流行也起着重要作用，如克莱拉·宝（Clara Bow）在1927年的电影《攀上枝头》（It）中所塑造的“短发红唇”形象广受欢迎（图1–28）。珠片镶拼也是20世纪20年代主要运用的装饰手法之一（图1–29），多运用于裙装下摆部分，常以精美的手工钉珠、亮片、繁复的绣花等来体现，如保罗·波烈（Paul Poiret）所设计的具有东方情调的礼服等（图1–30）。

图1–27　查尔斯·沃斯

图1–28　克莱拉·宝剧照

图1–29　珠片镶拼服饰

图1–30　保罗·波烈和他所设计的礼服

（二）20世纪30～50年代

20世纪30～40年代初的女装风格被称为好莱坞风格。不同于20年代的“男孩风貌”，这一时期的女装线条流畅，造型优雅，彰显了女性优雅妩媚、高贵奢华的经典形象。其中，裙装是好莱坞风格中最具表现力的款式之一。如宽肩、细腰、裙摆紧窄而贴体等特征都充分展现了女性姣好的身材曲线。斜裁设计大师玛德琳·维奥尼（Madeleine Vionnet）曾在晚礼服设计中巧妙地运用了面料的弹拉力，并以此进行斜向裁剪。图1-31所示的露背式晚礼服不仅是西方礼服史上的里程碑，更将好莱坞女星珍·哈露（Jean Harlow）推上了时尚浪尖。玛德琳·维奥尼是20世纪初当之无愧的服装变革先驱之一。她的设计反对填充、雕塑女性身体轮廓的紧身胸衣方式，强调身体自然曲线，以贴身的斜向剪裁在时尚史留名，享有“斜裁女王”“斜裁之母”等美名。

图1-31　身着礼服的珍·哈露

超现实主义风格服装也是这一时期的经典流派，它富有强烈的视觉冲击，崇尚无意识结构，力求摆脱理性束缚。因此，服装款式造型上以简洁风格为主，装饰细节上呈现超现实主义理念，如领部、袖部、口袋等。作为超现实主义风格服装的奠基人，艾尔莎·夏帕瑞丽（Elsa Schiaparelli）不仅为服装设计开拓了一个全新领域，而且为后人提供了经典的设计范本，如与超现实主义画家达利合作完成的龙虾裙（图1-32）、电影《红磨坊》中女星莎莎·嘉宝（Zsa Zsa Gabor）穿着的粉色晚礼服等都堪称经典（图1-33）。20世纪40年代风云突变，第二次世界大战给整个时装界带来了沉重的打击，尽管人们的心灵备受折磨，但追寻美好生活的心愿犹存。裙套装是40年代风格中最具代表性的款式，由于受到战争影响，女性着装在一定程度上摒弃了过度奢华的服饰风格，为了节约物资，服装更多地强调实用性与功能性，款式大多趋于简洁实用，同时也融入了一些男装元素。这种低调、内敛、沉稳、简约的特质贯穿了整个40年代，也成就了1947年克里斯汀·迪奥（Christian Dior）新风貌（New Look）的经典形象（图1-34）。这次空前的成功，使迪奥一跃成为最有影响力的设计师之一。1950～1957年，迪奥连续推出了多款新造型，如“郁金香形”（图1-35）、“A形”“Y形”等，他是服装史上第一位在每季推出不同造型、不断改变裙长的设计师，也由此引领了20世纪50年代的时尚潮流。这一时期的女装追求柔美流畅的线条，如纤细的蜂腰、

图1-32 龙虾裙

图1-33 莎莎·嘉宝

图1-34 迪奥“新风貌”

图1-35 “郁金香”造型服饰

夸张的臀胯以及优雅的裙摆造型。著名女星奥黛丽·赫本（Audrey Hepburn）是当时耀眼的时尚明星（图1–36），服装设计大师纪梵希（Hubert James Taffin de Givenchy）曾为她设计过多套服装造型（图1–37），这些经典的荧幕形象不仅为电影增添了光彩，更成为许多服装设计师的灵感之源。

图1–36　奥黛丽·赫本

图1–37　纪梵希与赫本

（三）20世纪60年代

20世纪60年代是西方经济飞速发展、文化思潮风起云涌的黄金时代。50年代末，体现女性优美曲线的服装已逐渐弱化。到了60年代，许多年轻人逐渐表现出强烈的反叛意识，这一点在穿着风格及观念上尤为明显。他们以前卫代替传统，追崇超短裙、紧身裤袜、短发等大胆、叛逆的个人着装风格。英国作为20世纪60年代的潮流聚集地，最为轰动的莫过于超短裙的风靡。1963年，英国服装设计师玛丽·官（Mary Quant）在*VOGUE*杂志上率先推出超短裙造型，运用了PVC这种新型人工合成面料，并搭配了具有孩童感的彼得潘小圆领（图1–38），这一设计成功打开了服装设计革命的新局面。60年代人们的审美已从50年代成熟优雅转换为充满活力、天真可爱的风格，如大众时尚偶像崔姬（Twiggy）就是当时年轻人的理想形象（图1–39）。60年代女装以A形、H形、梯形为主，

图1–38　玛丽·官所设计的超短裙造型

图1-39　大众时尚偶像崔姬（Twiggy）

剪裁简洁，上身较为合体，下摆向外展开。曾担任迪奥设计师的伊夫·圣罗兰（Yves Saint Laurent）于1962年创立了自己的同名品牌，并于1965年设计了以大胆色块构成的“蒙德里安”裙（图1-40），“吸烟”夹克、灯笼裤套装等，这时长期存在的以性别决定着装的传统观念已逐渐被打破。1966年嬉皮士运动在美国旧金山的松树岭地区爆发，而后很快就风靡整个欧美。嬉皮士追求无拘无束的生活方式，服装款式多呈现自由、随性的风格，在图案、色彩、面料、装饰手法等方面会结合各地区、各民族风格服饰的特征，从而形成怀旧、浪漫、自由的异域风情，如借鉴印度、阿富汗、土耳其、巴基斯坦等国家和地区的服装款式等。20世纪60年代还出现了波普风格、太空风格、摇滚风格服装的第一波浪潮，如在女装中选用亮丽的色调，造型迥异的几何图案，超短裙、塑胶长靴、头盔等。

（四）20世纪70年代

1960年代晚期至1970年代中期，主流时尚渐渐失去了方向，年轻人崇尚个性化自我表达，多元化风格服饰逐渐受到大众青睐。“反时装”是20世纪70年代风格女装的关键词，女性的着装风格及款式不受传统时装规范的约束，而是更加注重廓形结构，设计也更为简洁、合体，通常以款式结构、色彩图案等搭配变化来呈现。喇叭裤是70年代流行的经典款式之一，尽管早在20世纪50年代美国歌星“猫王”（EIvis Presley）曾在演出时身穿喇叭裤（图1-41），但真正流行于大众群体是在70年代。这种造型夸张、低腰短裆的裤身造型形象地体现了年轻人自由、叛逆的精神面貌。此外，运用钩边工艺织成的针织套衫、印花衬衫、瘦腿裤、热裤、坡跟鞋、墨西哥帽、草帽等也颇受欢迎。20世纪70年代，我行我素的时尚观念无形助长了非主流服饰的盛行，如朋克风格、迪斯科风格、军装风格等服装的出现。70年代的时尚风云人物当数英国“朋克教母”维维安·韦斯特伍德（Vivienne Westwood），作为

图1-40 “蒙德里安”裙

图1-41 身着喇叭裤的“猫王”

朋克风格的先行者，她的前卫设计风格直接推动了70年代朋克服饰的兴起。不对称款式结构、随意的涂鸦、不协调的色彩、凌乱的缝迹线及衣摆、内衣外穿等都是朋克美学的精髓（图1-42），朋克风格服装所体现出的反传统、颓废、怪诞的夸张风格成为与主流社会相对的另类文化潮流。在70年代后期，美国设计师诺玛·卡玛丽（Norma Kamali）推出了运动衫啦啦队员裙、裤袜、紧身连衣裤等，促使运动装进入了时尚领域。

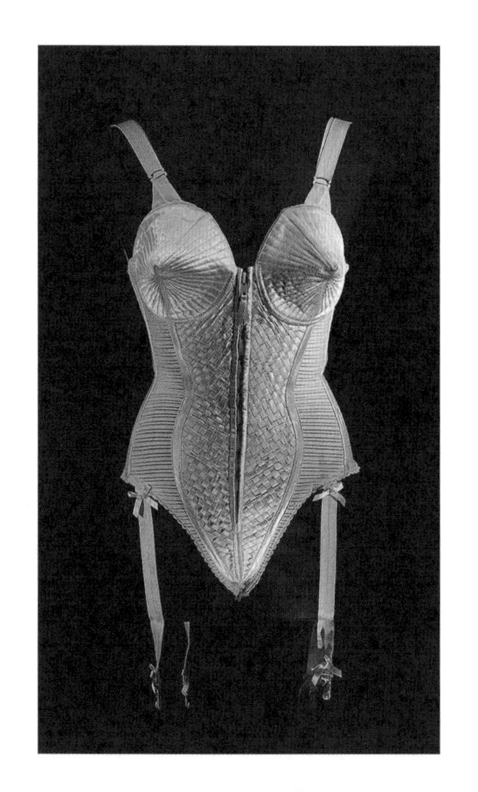

图1-42 锥形胸衣

（五）20世纪80年代

20世纪80年代起，世界经济处于高速发展阶段，人们的物质生活水平得到极大的丰富与满足。女权运动、女性解放在世界各地此起彼伏，造就了一批女强人形象，如1980年当选的英国首相玛格丽特·撒切尔夫人，美国女星麦当娜等成为女权代表新偶像。大批具有现代意识的职业女性变成这一时期的主要消费人群，她们身着中性风格的西服套装、头戴墨镜、脚蹬高跟鞋，改变了以往服装“上小下大”的A字造型。通过借鉴男装的工艺结构，腰部略收，在服装肩部增加肩垫，加宽肩部的整体造型，呈现出有棱有角的服装形象。80年代的服装总体风格是巨大的外部廓形，款式细节及服饰配件也都呈现出宽大的特征。1982年，詹尼・范思哲（Gianni Versace）采用了具有现代感的金属网状织物制作连衣裙（图1-43），同年乔治・阿玛尼（Giorgio Armani）更以经典套装引领了国际时尚风潮。同时，来自日本的服装设计师们陆续在巴黎推出他们的新作品，并使世人眼前一亮，展示了全新的、不同于西方的另类设计。如山本耀司、川久保玲所设计的服装作品常以不规则造型出现（图1-44），在隐藏了身体自然轮廓的同时彰显东方设计美学，也向讲究曲线美感的西方传统审美提出了挑战。同一时期的预科生风格时装也颇受欢迎，如苏格兰短裙、运动夹克、菱形花纹毛衣、针织开衫、百慕大短裤等，总体倾向青春活力、简洁自然的感觉。

图1-43　金属网状织物连衣裙

（六）20世纪90年代

20世纪90年代是一个百花齐放的年代，此时高科技已应用于生活的方方面面，社会经济发展处于高速运转之中。此时的服装界，迎来了一批欧洲新锐设计师们，他们提倡极简与解构，崇尚自然环保，东方美学也成为一类主流文化。极简主义并不单纯是简单、简化，相反是在简洁的表面下蕴含着更为复杂、精巧的结构。极简主义风格要求服装设计师具有把握整体造型的能力，以更单纯、更简洁的语言体现现代设计。德国服装设计师吉尔・桑达（Jil Sander）是时装界的极简主义代表，被认为是20世纪20年代建筑流派包豪斯（Bauhaus）的现代版演绎，以利落的剪裁方式、流畅的线条、单纯且高级的色调来展现现代女性的自信之美（图1-45），传承了德国简朴主义的理念。极简主义款式往往伴随着中性成分，以H形为

图1-44　解构主义风格服装

图1-45　极简主义风格服饰

主，如西装、大衣、衬衣等基本款式，搭配少量的局部细节装饰，整体构思较为精巧。20世纪90年代，当解构主义风格呈蔓延趋势，世界各地新锐设计师们纷纷采用此手法进行大胆、前卫的试验，同时融入更多的街头文化与中性元素。解构主义重视服装材质和结构，强调面料与结构造型的关系。通过对结构的剖析再造达到塑造形体的目的。1997年，比利时服装设计师马丁·玛吉拉（Maison Martin Margiela）有意保留了制板时在面料上留下的辅助线条，并将线头与缝褶暴露在外，通过做旧的形式体现环保理念。20世纪90年代晚期，英国著名服装设计师亚历山大·麦昆（Alexander Mcqueen）名声大噪，由其设计的超低腰牛仔裤、带有侵略性的线形剪裁等被大众所熟知，他的作品常以狂野的方式表达情感力量、天然能量、浪漫但又决绝的现代感，具有很高的辨识度，在时尚界大放异彩。

（七）2000年至今

21世纪是由设计师与大众共同主宰的时代，他们的灵感来源于世界各民族、各阶层的日常生活。随着时尚产业的规模及从业者数量的日益增多，各国服装设计师阵营也逐渐壮大，世界服装产业形成了以巴黎、伦敦、纽约、米兰、东京为中心的五大时尚之都。众多设计师品牌的兴起彰显了设计师与消费者的独特审美，如美国品牌汤姆·布朗（Thom Browne）专属的炭灰色面料，“缩水”般的短款板型，红、白、蓝三色罗纹布条标识（图1-46），在怀旧与颠覆之间重新定义了美式美学下的现代“制服”。由路易威登（Louis Vuitton）男装创意总监维吉尔·阿布洛（Virgil Abloh）于2012年创立的服装品牌Off-White以街头个人标识向服装业界发起挑战。他将原有的设计拆散，嵌入新公式重新组合与定义。同时将街头风格与高级时装完美融合（图1-47），将原本属于亚文化范畴的街头服饰推入主流视野。此外，亚历山大·王（Alexander Wang）、The Row、Jacquemus、Toteme等各国设计师品牌的流行也在一定程度上表明了当下服装产业的多元格局（图1-48）。

图1-46　汤姆·布朗（Thom Browne）男装系列

图1-47　Off-White男装系列

图1-48　不同设计师品牌服装作品

基础理论与专业知识——

服装款式设计美学法则

课题名称： 服装款式设计美学法则

课题内容： 统一与变化法则、节奏与韵律法则、对称与均衡法则、夸张与强调法则、对比与调和法则、视错法则、渐变法则、仿生法则

课题时间： 12课时

教学目的： 通过服装款式设计中的美学法则学习，学生了解与掌握统一与变化法则、节奏与韵律法则、对称与均衡法则、夸张与强调法则、对比与调和法则、视错法则、渐变法则、仿生法则。

教学方式： 教师PPT讲解基础理论知识。根据教材内容及学生的具体情况灵活制定课程内容。加强基础理论教学，重视课后知识点巩固，并安排必要的练习作业。

教学要求：
1. 要求学生进一步了解服装款式设计中的美学法则及应用规律。
2. 课前及课后提倡学生多阅读关于形式美法则相关基础理论书籍。课后对所学理论进行反复思考与巩固。

第二章　服装款式设计美学法则

服装款式设计是一种实用性极强的艺术形式，其涵盖的形式美法则为服装款式设计提供了科学的设计依据，也为其注入了大量的艺术活力。在服装款式设计中，服装所呈现出的形式美感与功能机制是尤为重要的。设计师不仅要考虑到服装的整体视觉效果，而且要兼备服装的功能性。在满足着装者的基本需求之外，融入一定的形式美。从本质上讲，形式美法则是变化与统一的相互协调，是对自然美加以分析、组织、利用并形态化了的反映，是一切视觉艺术都应遵循的重要法则。服装款式设计中的形式美法则主要有统一与变化、对称与均衡、夸张与强调、节奏与韵律、视错法则等。服装设计师在进行设计的过程中，不仅要了解各种形式要素的概念与特征，而且要善于把握不同形式要素间的变化组合。此外，在掌握这些形式美法则的同时，还须对其进行系统化、全面化的探索与研究，在实践中不断总结出相关规律。

第一节　统一与变化法则

统一与变化也称多样与统一，是对立统一规律在服装款式设计构成上的具体应用。在设计构成中，物体形态是由点、线、面、三维虚实空间、色彩、质感等要素有机组合而成的。在服装款式设计中，统一与变化的关系是相互对立又相互依存的统一体，二者缺一不可。统一与变化作为形式美中最基本的法则之一，也是服装款式设计形式美的总法则。

一、统一

统一是指形状、色彩、材料相同或相似的要素汇集而成的整体，具有一定的秩序感与系列感，诸如整体结构的统一、局部结构的统一等。在服装款式设计中，最能展现服装设计作品统一性的方法就是少一些构成要素，多一些组合形式。其中，差异和变化时常通过相互关联、呼应、衬托等手法以达到整体关系的协调目的，使相互间的对立关系从属于有秩序的关系之中，从而形成具有统一性与秩序感的审美形式。统一的手法还可借助均衡、调和、秩序等形式美法则，以达到完美融合的目的。服装的统一性主要表现在两个方面：一方面是服装本身的统一性。如服装整体与局部样式的统一、服装装饰工艺的统一、服装配件的统一、服装色彩的统一、服装三要素的和谐统一、服装制作工艺手法的统一等（图2-1）。另一方面是广义上服装的统一性，如服装与人体活动环境的统一性、服装与社会的统一性（自然环境与人文环境）、服装与营销价格的统一性（服装的品质与营销策略）、服装与人的统一性

（人体和物的统一与气质修养的互补性）、服装与文化的统一性等（图2–2）。

图2–1　服装色彩的统一

在统一的前提下，应当注意变化的应用。如果在设计时，过分注重统一，那么服装便会产生刻板之感，适当变化则会显得活泼而协调。在具体运用过程中，如男式西装一般要求造型大方简洁，注重线条的自然性与流畅性。通常会选用上装与下装相一致的面料，色彩多以稳重、低调、内敛的风格为主（图2–3）。这时就要求服装构成要素的统一，如保持色彩、面料质感、造型款式、装饰工艺等要具有高度一致的协调性。若前身有省道，则后身也应有省道，运用流线型设计手法，从而使外轮廓线与内分割线统一。当领型、袖型、袋型、头饰、箱包、鞋帽、纽扣等部件与整体造型风格相同或相似时，要将局部与整体保持统一，使个性融于共性，达到整体统一的设计美感。在装饰工艺的协调统一方面，如礼服的工艺装饰通常以华丽、典雅、高贵风格为导向，运用刺绣、钉珠、高级蕾丝等工艺装饰手法，以此彰显局部与整体的统一（图2–4）。

图2–2　服装与社会的统一性

图2-3　男式西装的统一性

图2-4　礼服中局部与整体的统一

二、变化

变化是指由于图案的各个组成部分有所差异而产生的形式美感，通常具有多样性和变化性的特征。如果说变化是在各部分之间寻找差异，统一则是寻求它们之间的内在联系及共同特征属性。如果没有变化，则意味着单调乏味、缺少生命力；如果没有统一，则会显得杂乱无章、缺乏秩序性。变化作为一种智慧与想象的表现，其强调的种种因素不仅体现在差异性方面，而是采用对比的艺术手法，造成视觉上的跳跃，以此强调个性特征。变化的作用是使服装更加富有动感，摒弃呆滞的沉闷感，使服装穿着在人体上后更加具有生动、活泼的吸引力。从心理学的角度来看，服装是为减轻心理压力、平衡心理状态而服务的。变化是刺激的源泉，虽然能在乏味中重新唤起新鲜的趣味。但是必须以规律作为限制，否则必将导致混乱、庞杂，使精神不安、情绪烦躁、陷于疲乏。

因此，变化必须从统一中产生，无论是廓形、色彩、装饰手法等都要考虑这些因素。避免不同形体、不同线型、不同色彩的等量配置，要始终呈现出主次分明的状态，体现出统一中的变化效果，在统一中求变化，在变化中求统一（图2-5）。服装设计师通常会运用对比和突出重点的手法，对服装设计作品进行评判与赏鉴。以调和手法作为媒介，达到统一与变化的目的。由于服装上的部分与部分间、部分与整体间应具有一致性，若要素变化太多，则会破坏了一致性的效果。其中，重复手法是形成统一的有效途径，如重复使用相同的色彩、线条等（图2-6）。在服装款式设计中既要追求款式、色彩的变化多端，又要防止各因素杂乱堆积、缺乏统一性。在追求秩序美感的统一风格时，也要防止缺乏变化所引起的呆板、单调的感觉，保持适度的统一与变化，才能使服装更加完美地呈现。

图2-5　连衣裙中图案的变化

图2-6　服装色彩中的变化

第二节　节奏与韵律法则

节奏与韵律广泛渗透于人们的日常生活中。它们在动与静的关系中产生，是生命和运动的重要形式之一。节奏又称律动，是音乐中的术语。运动中的快慢、强弱，形成律动；律动的不断反复产生了节奏。服装中韵律的表现形式主要分为形状韵律与色彩韵律。

一、节奏

在服装款式设计中，节奏通常是指将造型要素有规则地排列，当观者的视线随着设计作品的造型要素移动时，产生一种动感与变化的节奏感。衬衫纽扣的排列组合形式、荷叶边或波浪形褶状花边、烫褶、缝褶及刺绣花边等造型细节都会以节奏的形式反复出现（图2-7）。

当重复的单元元素越多时，节奏感则会越强。相同的点、线、面、色彩、图案、材料等形式要素在同一套服装中重复出现时，由于它们重复出现的形式不同，所产生的效果也不相同。例如，百褶裙的裙褶是具有规律性的款式，在重复出现时均不发生变化，即为一种机械性的重复（图2-8）。因此，当完全相同的图案、色彩或其他形式要素在服装上进行机械性重复时，往往会产生质朴、安静的视觉效果，显得较为生硬且缺少变化。变化性重复是某种形式要素在重复出现时发生一定的变化，引导人们的视线并进行有规律的跳动。如斜裙下摆的褶纹、宽窄、大小、间距在重复出现时已发生变化，但仍保持相似的特点，这种重复即为变化的重复（图2-9）。长短不齐的线、大小不同的点或面、色相相同明度不同的色彩等其他形式要素经过适当处理及反复出现时，均可产生节奏。

图2-7 具有节奏变化的女装

图2-8 具有节奏变化的百褶裙

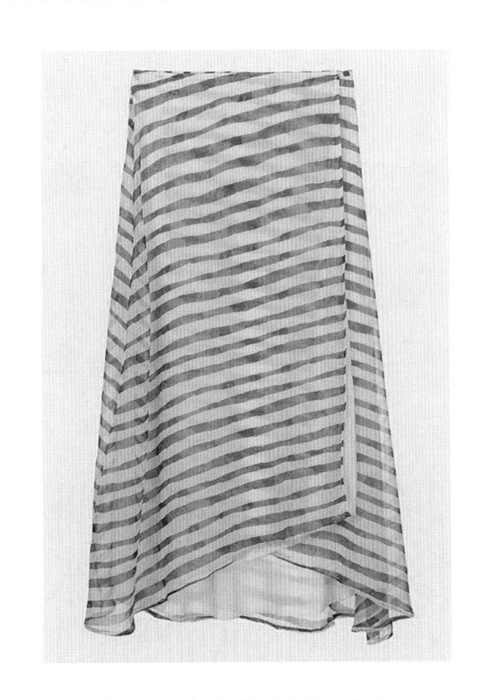

图2-9 具有节奏变化的斜裙

二、韵律

服装款式设计中的韵律主要是指服装的各种图案、色彩等有规律、有组织的节奏变化。韵律的表现形式共有两种，一种是形状韵律，另一种是色彩韵律。

形状韵律的变化形式包括有规律重复（图2-10）、无规律重复（图2-11）、等级性重复

（图2-12）、直线重复（图2-13）、曲线重复等（图2-14）。其中，有规律重复是指重复的间距相等，这种韵律会给人以较为生硬、刻板的印象。无规律重复是指重复的距离常常较为随机，没有规律可循，给人一种轻松、活泼之感。等级性重复是指重复的间距有一定的等比、等差变化，渐大或渐小、渐长或渐短、渐曲或渐直等，给人一种捉摸不透、充满变化的体验。直线重复是指用直线不断排列的组合形式。直线重复是常见的设计手法之一，例如在我国贵州省黔东南地区，苗族女性服饰中的百褶裙就是典型的直线重复（图2-15）。曲线重复是指由曲线不断重复的组合形式，包括静态和动态时所呈现的效果。例如婚纱礼服的裙摆往往以典型的曲线造型进行重复，给人以温柔、轻盈、优雅的感觉。

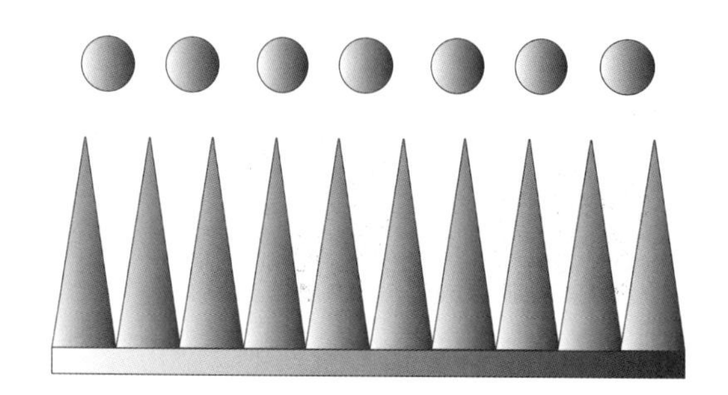

图2-10　有规律重复

图2-11　无规律重复

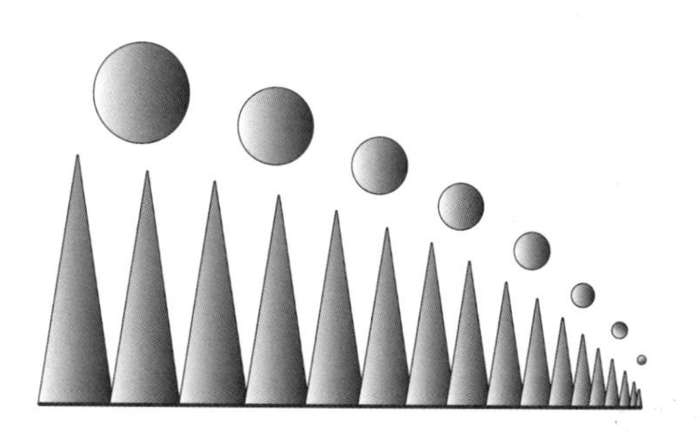

图2-12　等级性重复

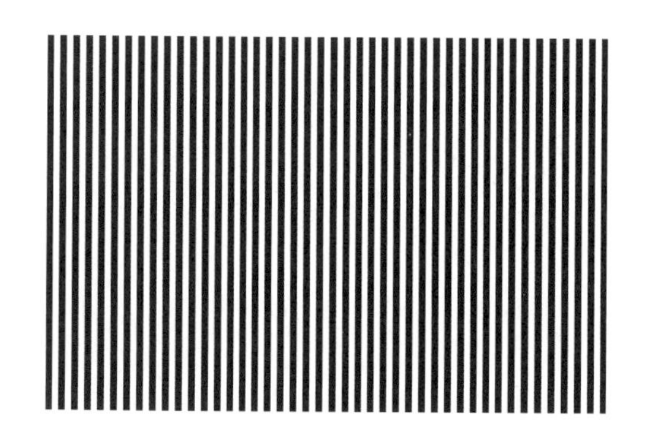

图2-13　直线重复

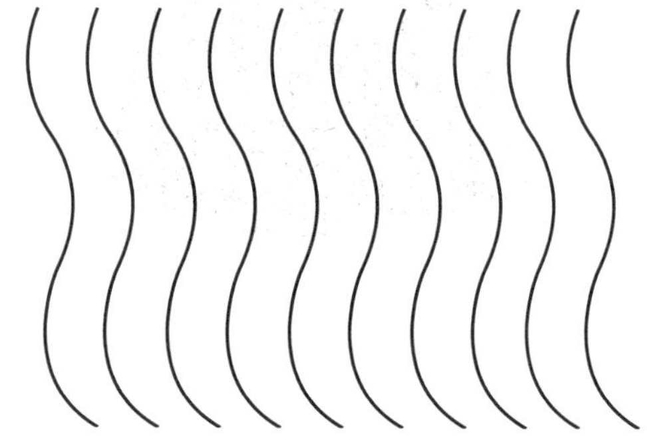

图2-14　曲线重复

色彩韵律是指将各种明度不同、纯度不同、色相不同的色彩排列在一起，从而产生一种色彩变化动态，这种组合形式称为色彩韵律（图2-16）。色彩韵律必须由三个及三个以上的颜色进行组合，如果只有两种颜色，只能称为对比色，而不能产生色彩韵律。此外，还有阶层渐增韵律、阶层渐小韵律、流线韵律、放射韵律等。

图2-15　苗族百褶裙

图2-16　色彩韵律

第三节　对称与均衡法则

对称也称对等，指设计对象中相同或相似的形式要素之间组合而成的绝对平衡。均衡也称平衡，是指在造型艺术作品的画面中，不同部分和形式要素之间既对立又相互统一的组合关系。其呈现的视觉效果往往是安定、沉稳、放松、愉悦的印象。

一、对称

对称可分为绝对对称与相对对称，绝对对称是指由对称轴两边相同的形式要素组合构成的绝对平衡；相对对称是对称轴两边的造型要素大约95%相同，会带有一些局部变化（图2-17）。由于人体左右是对称关系，因此，对称最为直观的视觉效果即是服装各部位间的和谐、统一。通常采用较多的是左右、回转、局部等对称表现形式。如日常服装在外观造型上一般都采取对称形式。中山装就是采用了对称形式，以扣子为中轴，大小四个口袋形成

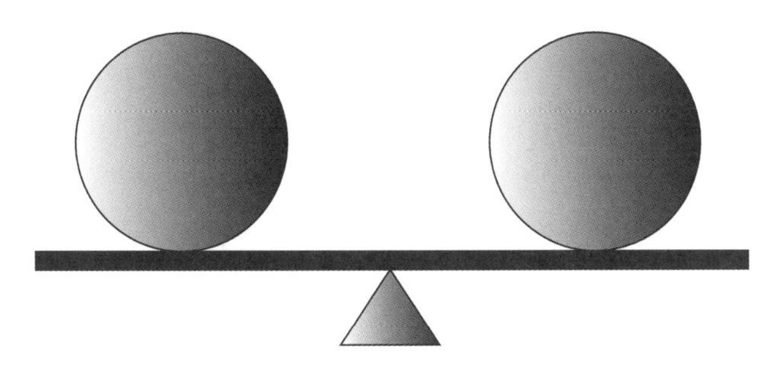

图2-17　对称形式

左右对称，给人以严肃、朴实的感觉。衣领、衣袖、左右衣片、腰带等零部件的设计也都可以运用对称法则。但是，在运用对称法则设计服装时，要注意与人体结构相吻合，否则会产生呆板的感觉。对称具有较为稳定的视觉效果，它使各部分处于安定的状态，具有严肃、庄重的特征。对称一般分为四种形式，即左右对称、上下对称、斜线对称、多轴对称，这四种形式是服装款式设计中常用的对称法则（图2-18），常用于工装、职业装等款式中，具有稳定、和谐的律动感。当下，许多服装设计师为使服装更加具有造型艺术美感，通常会有意呈现出不对称的服装形态。

图2-18　服装款式设计对称法则

二、均衡

均衡性设计通常具有稳定、静止的感觉，也是符合均衡概念的基本原则（图2-19）。均衡主要可以分为对称均衡与不对称均衡，前者是以人体中心为参考线，左右两部分完全相同。这种款式的服装给人一种肃穆、端正、庄严的感觉，但同时会显得有些呆板。而后者是一种心理感觉上的均衡，即服装左右部分设计虽不一致，却有平稳的视觉感。如旗袍前襟的斜线设计（图2-20），这种设计手法给人一种优雅、温柔的亲切感。此外，服装设计师还须注意服装上身与下身之间的均衡，切勿出现“上重下轻”或“下重上轻”的视觉效果。在运用均衡法则时，应注意当一件服装左右两边的吸引力是等同效果时，人的注意力就会像钟摆一样来回摆动，最后停在两极中间的某一点上。如果此均衡中心点有细节装饰，则能使眼睛满意地在此停驻，并在观者的心中产生一种愉悦、平静的瞬间。因此，就一般服装款式来讲，都须注重细节设计，如装饰工艺、衣身结构等，这样才能满足眼睛的视觉审美需要。

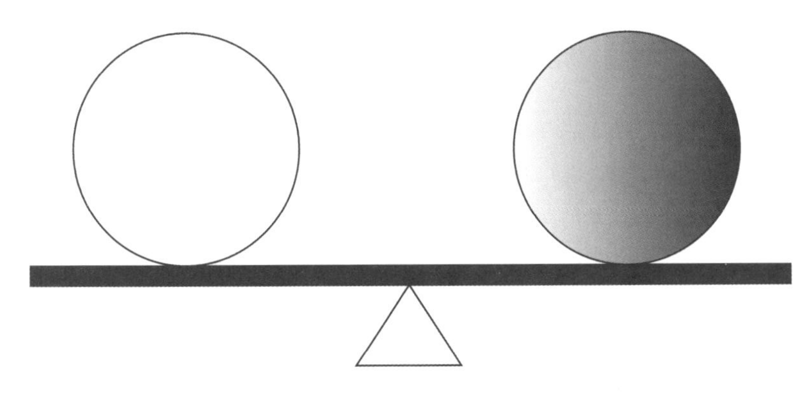

图2-19　均衡对称

图2-20　旗袍前襟斜线设计

当服装设计师在分析视觉均衡关系时，首先必须清楚了解两个概念，即度量和分量，这两者的整体效果直接影响服装款式设计的视觉均衡感。度量是分辨大小的量，分量是分辨色、质要素的量。假设服装两边运用的是同质、同色、同形、同量的材料，它们的度量关系一定是均衡的，但若改变其中某一部分的质和色，两者在视觉上就会瞬间失去均衡感。如一件服装的两边均是红色，但若一边选用轻柔的细纱，另一边选用厚重的呢料；或是选用同样的面料，一边颜色较深，另一边颜色较浅，这些情况都会打破均衡视觉美（图2-21）。在服装的不对称设计中，应充分运用材料的质和色使服装左右之间的关系达到均衡状态。总之，对称设计或不对称设计都可以设计出优秀的服装款式作品，但需要注意的是，始终要把握其中各组合要素之间均衡与协调的关系。

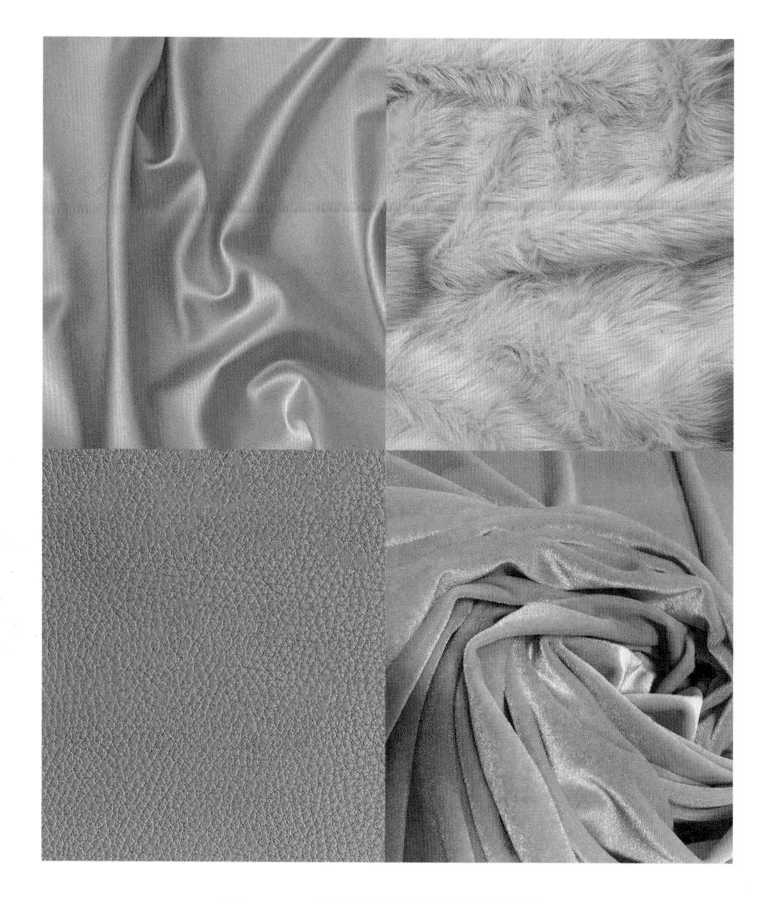

图2-21　服装面料中的质色均衡

第四节　夸张与强调法则

夸张本隶属于语言学范畴，是语言学中的一种修辞手法。强调是指统一原理中的中心统一，主要体现在使人的视线始终锁定在被强调的部分。不同风格类型的服装有着不同程度的夸张与强调标准，要准确地把握好这些审美准则，才能设计出优秀的服装作品。

一、夸张

夸张是指将服装某一部分加以渲染或夸大，从而达到加强和突出重点的目的，使精彩部分更加美丽夺目、更富有吸引力。服装款式设计中的夸张部位多在领、肩、袖、下摆等部位（图2-22），但在运用时要注意把握分寸。夸张以其独特的表达方式反映着服装设计师与服装作品之间的交流，满足着人们的审美需求。作为美学规律中较为重要的一种形式美法则，特别是对富有创意性的设计构思形式来说，夸张是一种必须使用的形式美法则，其夸张的部位和程度直接反映出服装的个性和内涵。若缺少了适当的夸张，服装设计就失去了艺术气质与风格特征。

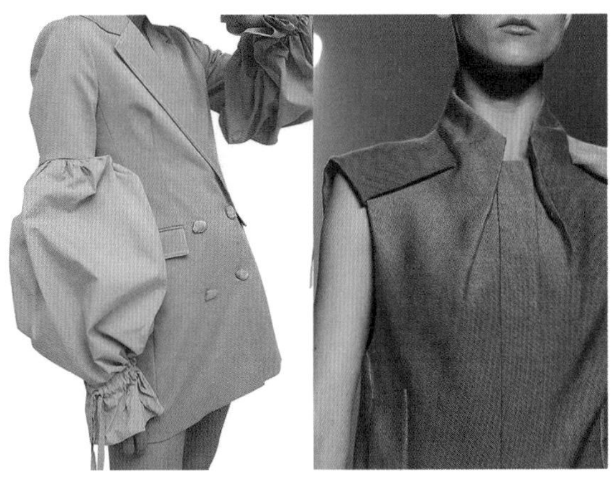

图2-22　夸张法则在女装中的运用

二、强调

在服装款式设计的具体应用中，强调手法的运用主要体现在两个方面：第一，体现独特风格。如在轮廓、细节、色彩、面料、分割线或工艺等方面进行强调设计，体现服装独特的风格特征，如强调中式风格的汉服、强调日式风格的和服、强调休闲风格的牛仔服、强调朋克风格的时装等（图2-23）。第二，强调重点部位。如在领、肩、胸、背、臀、腕、腿等部位进行重点强调设计。这种重点设计可以利用色彩的对比强调、面料材质的搭配强调、廓形线条的结构强调及配饰使用造型强调等。但以上诸多强调方法并不适宜同时使用，强调的部位也不能过多，应当只选用一至两个部位作为强调中心。

图2-23　强调法则在女装中的运用

第五节　对比与调和法则

在服装款式设计中通常会采用要素间的相互对比来增强特征，给人以明朗、清晰的感官效果。对比或强烈，或轻微，或模糊，或鲜明都会比单色的应用更富于变化，但要注意始终在统一的前提下追求变化。调和是一种搭配美的现象，一般认为能使人愉悦、舒适的组合关系就是调和关系。以此观点来看，具有对比效果的色彩关系，只要处理得当，也可以是调和的配色。

一、对比

对比是指两个性质相反的元素组合在一起时所产生强烈的视觉反差。如直线和曲线、凹形和凸形、粗和细、大和小等相互矛盾的元素等。通过对比法则可以增强自身的特性，但若过多运用则会使设计的内在关系过于冲突，缺乏统一性。服装款式设计中通常有款式对比、材质对比、面积对比和色彩对比四种对比形式。款式对比指造型元素在服装廓形或结构细节设计中形成的对比。材质对比指将性能和风格差异较大的面料进行组合运用，使之形成对比关系并以此强调设计。面积对比主要指各种不同色彩、不同元素的面积构图对比。色彩对比指同类色、邻近色、对比色和互补色之间的对比。

形态对比是动与静、轻与重、软与硬、大与小、外轮廓、面料和饰物等方面的对比，它是一种最简单的突出形象的方法。例如，外轮廓对比可从外轮廓进行构思，通过夸大服装某一部位，使服装外轮廓产生造型上的视觉差异；再如饰物对比，将饰物与布料进行大小面积对比，既可点缀服装，也可衬托服装自身风格特点（图2–24）。服装造型的集散关系主要

图2–24　对比法则在女装中的运用

由面料打裥的密集程度、工艺装饰的分布、饰物的点缀效果、面料图案的繁简等方面构成。运用集散对比法则可使设计元素集中的地方获得重点显示，从而产生视觉趣味点，加强视觉效果。

二、调和

调和含有愉快、舒畅的含义。当两种或两种以上的色彩、图案等要素相互组合时，会产生某种秩序感，实现一种共同的表现目的，这种形式称为调和。调和的方法共分三种：第一种为相似调和（类似调和），指相互类似的物体组合在一起时所取得的调和。这是一种容易取得调和的设计方法，但是如果处理不当，也会缺乏变化，出现过于平淡的现象。第二种为相异调和（对比调和），指相异的物体组合在一起所取得的调和。这是一种不易取得调和的设计方法，但若能够有技巧地处理，则会形成新鲜、富于变化的调和现象；如果处理欠妥，则会令人生厌。第三种为标准调和，前两种调和均有其优劣，因此标准调和就是取二者之长，既在类似中制造对比的要素，又在对比中以类似求其安定、和谐。有了安定、和谐才能产生一致的效果；有了一致的效果，才能有统一的效果表现（图2-25）。

图2-25 调和法则在女装中的运用

第六节　其他美学法则

一、视错法则

视错可以分为来自外部刺激的物理性视错、来自感官上的生理性视错等。正确且熟练地掌握各种视错形式手法，有利于提高设计师的创作水平，在人物整体形象设计中应充分利用视错法则，“化错为美”，用服装塑造出更加完美的人体形象，给人以美的视觉享受。常见的视错包括分割视错、角度视错等。在分割视错中，服装常以横竖线条的风格形式来体现。线条的粗细变化、间距大小等都会使人的视觉产生不同的效果。通过对条纹的方向及颜色的调整，可以表现出不同的分割视错（图2-26）。角度视错是指当人们用眼睛观察某一物体时，因其斜向线条所形成的角度而产生的视觉错误。在服装款式设计中的表现为斜角缝线、省道、条纹或尖形装饰等。

图2-26　分割视错法则在连衣裙中的运用

二、渐变法则

渐变是指某种状态或性质按照一定顺序逐渐产生的阶段性变化，它是一种递增或递减的变化。当这种变化按照一定的秩序形成一种协调感和统一感时，就会产生美感（图2-27）。渐变在日常生活中非常多见，它是一种符合自然规律的现象，如月亮的阴晴圆缺，动植物生命个体的由小变大等都有这样一个逐渐变化的过程。渐变运用在服装款式设计中的主要类型有三种：一是整体廓形与主体结构的渐变。它们直接构成了服装的整体造型风格，是系列风貌设计的关键之处。如果廓形和主体结构发生了大变化，那么整个系列设计就会失去原定的特色，各种设计元素互相冲突，杂乱不堪。但这并不是丝毫不能改动廓形和服装的结构，只是应在保持基本风格的前提下进行适当调整。二是构成部件的渐变。构成部件如领、袖、袋等部位的大小、位置、装饰的渐变，要注意避免改变过大，脱离原有风格的要求。三是细节部分的渐变。细节部分如褶裥、襻带、纽扣等大小、位置、装饰的渐变，这类渐变的程度受到主造型的限制，因而改动幅度不宜太大。

图2–27　渐变法则在裤装中的运用

三、仿生法则

仿生设计是以自然万物的某种特征为研究对象的，是有选择地在服装款式设计中应用相关原理、特征进行的设计。服装设计师以大自然中的各种生物或无生物等为灵感，通过效仿其外部造型进行设计。有的仿生设计用于服装整体形态，有的则用于服装局部。服装仿生设计的重心不在于造型上过分地追求与生物形态的相似，而是运用解构思维，将原型的基本构成元素加以拆分、打散，重构，从而形成全新的设计。

服装款式设计的主体对象是人，在外观造型上除了要考虑人体的基本特征与体型需求外，还要注意造型的多样性与艺术性，从造型的美学角度来综合考虑设计。仿生法则注重创造性思维的表达，即对自然物种的认识和再创造的过程。其目的并不是刻意追求仿生原型的逼真外形，而在于模仿其特征及韵味，结合服装和人体造型的特点，使其成为既有原型特征，又符合人体结构的服装造型（图2–28）。在服装造型的细节展示中，仿生法则得到广泛应用及体现的是袖型设计，例如马蹄袖、灯笼袖、羊腿袖、蝙蝠袖等。因此，服装设计师应当多加开阔思路，从自然界中汲取灵感，运用仿生法则来丰富款式设计。

图2–28　仿生法则在女装中的运用

基础理论与专业知识——

服装款式设计基础

课题名称： 服装款式设计基础

课题内容： 服装款式设计与人体美学
服装款式设计风格表达
服装款式设计思维凝练
服装款式设计方法

课题时间： 12课时

教学目的： 通过服装款式设计基础理论学习，学生全面了解服装款式设计与人体美学、风格表达、思维凝练及方法应用等。

教学方式： 教师PPT讲解基础理论知识。根据教材内容及学生的具体情况灵活制定课程内容。加强基础理论教学，重视课后知识点巩固，并安排必要的练习作业。

教学要求：
1. 要求学生深入掌握与学习服装款式设计相关基础理论。
2. 课前及课后提倡学生多阅读关于服装款式设计专业理论书籍。课后对所学知识点进行反复思考与巩固。

第三章　服装款式设计基础

丰富的设计创意与个性化的表现技法是服装款式设计的重要组成部分。在展开服装款式设计之前，设计师需要全面学习服装款式设计基础知识，如了解人体的基本结构与外形特征、服装款式设计原则、服装款式设计风格与特征，以及如何凝练与掌握服装款式设计思维及方法等。

第一节　服装款式设计与人体美学

服装是以人体为基础进行造型的，通常被人们称为“人的第二层皮肤”。设计师在设计服装时，不仅要考虑到人体的运动机能，服装的实用性、功能性，还要兼具其外在的美观性。因此，从某种意义上说，不同体型也直接或间接地影响着服装整体造型的美感。设计师除了要具备服装款式设计专业技能之外，还要在设计前对人体结构、体型特征等方面有着全面且充分的了解。服装款式设计是在满足实用功能的基础上密切结合人体形态特征的，利用外在廓形设计与内在结构设计去展现人体美，以扬长避短的形式充分诠释服装与人体完美结合的整体魅力。设计师是根据人体美学的基础构造进行廓形、结构、局部细节的多样化设计。不同的人体外形特征是服装款式设计审美的关键因素。人类在历经不同年龄阶段时，身体也在不断地发生变化，这就要求服装款式也需要进行相应的变化。

人类将服装作为性别符号，正是反映了人类心灵世界中两性心理需要互补的天性，是两性之间寻找相互性的一种文化形式。人体作为服装款式设计围绕的核心对象，不仅受限于生理结构，而且依赖于人体穿着时的展示效果。从人体工学的角度出发，服装与人体外形具有唇齿相依、鱼水不分的关系。人体的外形可分为头部、躯干、上肢、下肢。其中，躯干包括颈、胸、腹、背等部位；上肢包括肩、上臂、肘、下臂、腕、手等部位；下肢包括胯、大腿、膝、小腿、踝、脚等部位。因此，服装款式设计的对象始终是人，纵然服装款式千变万化，但最终仍要受到人体形态的约束。曾经，人们通过服装对人体进行“摧残”从而满足“畸形”审美，不仅在一定程度上使人体丧失了正常的自然生存能力，而且不利于身心健康。现今，人们的审美观已发生巨大改变，对服装款式的审美需求也有了更高的标准。例如，不同地区、年龄、性别的人体骨骼有所不同，服装在人体运动状态和静止状态中的形态也有所区别。作为服装设定尺寸的依据之一，人体外形特征决定了服装的款式造型。设计师只有深切地观察、分析、了解人体结构及人体在运动中的动态特征，才能充分展现服装款式设计的美感。

一、人体外形特征与服装款式设计要点

（一）男性人体特征与服装款式设计要点

从外部形态上看，男女两性最明显的差异是生殖器官，这是第一性差。第一性差以外的差异称为第二性差，我们所说的男女体型差异主要是指第二性差。从人体的整体造型上看，由于长宽比例上的差异，明显地形成了男女各自的体型特点。男性体型与女性体型的差别主要体现在躯干部位，特别明显的是男女乳房造型的差别，女性胸部隆起，外形起伏变化较大，曲线较多，而男性胸部较为平坦，曲线变化不大。从宽度来看，男性两肩连线长于两侧大转子连线，而女性的两侧大转子连线长于肩线；从长度来看，男性由于胸部体积大，显得腰部以上发达，而女性由于臀部宽阔而显得腰部以下发达。自腰节线至臀部下部连线所形成的两个梯形中看，男性上大下小，而女性则上小下大，男性腰节线较女性腰节线略低。女性臀部的造型向后凸显较大，男性则较小。女性臀部丰满圆润，臀围可视效果明显偏大；男性臀部可视效果明显偏小。男性由于胸部体积大，显得腰部以上发达，最明显的是肩部宽阔、臀部“弱势”，从而形成了男性体格的标本，这也是当代人们对男性体型审美的认可。

受此审美思想的影响，服装设计师在设计男装上衣时夸大肩部造型设计就成了一般性法则，这一设计法则在男装各类上衣中基本是通用的，当然具体设计手法可以灵活多变。例如，可运用分割线设计、加垫肩设计、色彩分割组合设计等。男装上衣主要有夹克、衬衫、西装上衣、中山装、背心等，这些款式的男装都需要表现男性的气质、风度和阳刚之美，强调严谨、挺拔、简练的风格（图3-1～图3-3）。这都与男性体型给人的直观视觉感受有着密不可分的联想。同时，设计师还应使用各种材料来表现男装的时尚美感。男性体型的三围比例，即胸围、腰围、臀围与女性体型的三围比例相比有较大的差异。男性体型的三围数值相差较小，而女性的腰围与臀围的数值相差较大。所以男性体型可用“T”形来概括，女性体型可用“X”形来概括，这样可以明显地看出男性体型本身的挺拔、简练的特征和女性体型本身的曲线、变化的优美特征的对比。简略的T型和X型在很大程度上影响了不同性别的服装款式外形特征的设计思维，从古至今都可以认识到这一点，尤其是西方服装史上这一特征更为突出。实际上，以上这种视觉观念在人们的思想里已经根深蒂固了，

图3-1　男式外套

图3-2　男式衬衣

图3-3　男式夹克

只是在设计男女不同的服装款式时应该去认真地研究它，从而掌握一定规律来为设计所服务。例如，男式大衣类的款式设计多以筒形、梯形为主，而女式大衣多以收腰款式进行设计等。

男式裤装设计一般不予强调腿型和展示体型特征；而受女性体型特征和审美观念的影响，女裤、女裙的设计则正好相反，设计师一般都要较多地考虑如何设计出优美的女式裙装、裤装来充分展示女性的曲线美。男性体型中三围的比例关系决定了男装风衣类款式的基本款式造型。这类款式多以男性躯干造型为设计参考，一般受限于男性躯干造型的固有特征，故收腰款式较少，常以H形居多（图3-4）。此外，男式礼服设计主要以男性人体的造型特征为根本，通常使用优质的服装面料以及沉着、和谐的服装色彩，突出强调礼服的整体轮廓造型，符合男性人体的结构比例，并使用严格、精致的制作工艺。根据男性肩胸较宽、臀部较小的体型特征，肩部可采用适当夸张的手法，这也是男装款式设计的基础造型；而臀部一般情况下不易夸张，除特殊款式外，一般不采用线条及块面上的过度夸张与烦琐的装饰。

图3-4　男式H形风衣

从服装史的角度来看，裤装原本是男性的专利，这与人类对男性的审美标准有着直接的关系。当然这与不同性别的社会分工也有着根本的联系，也就是这些诸多因素的并存而产生出了现实的审美。裤装便于行动，通常人们在进行劳作及体力工作时穿着较多，具有实用、方便的特征。因此，设计师常以男性体型为参照对象，在横裆与中裆部位进行较为宽松的裤装款式设计。

从裤装的使用功能来看，男装裤型在结构设计上要区别于女装裤型。如男裤的门襟设计既要符合穿脱方便又要符合男性如厕时的特殊使用功能（图3–5）。因此，男裤的门襟一般都是设计在前裤片左右的中央处。依照人体功能的要求为准，门襟一般长18～20㎝（指标准裤型，不包括低腰裤）。但是，在进行女性裤装门襟设计时一般不考虑这一特殊要求。就目前市场中的女裤而言，许多女裤的门襟都是设计在裤子的中央位置，甚至与男裤设计几乎无区别，这是因为现代女装受到了男性化设计思潮的影响而产生的一种流行款式。在门襟长度方面，女裤门襟长度一般短于男裤，要重点考虑女性穿着时腰围与臀围的可穿性功能及审美功能。

图3–5　男式西裤

（二）女性人体特征与服装款式设计要点

女性体型特征及走路的姿势特征都与男性有着较大的差异。例如，女模特在进行T台表演时所迈的“猫步”就是一种女性独有的时尚美。它既是一种心理需求，也是设计师利用服饰心理效应捕捉女性人体体型特征时的参考工具。

在世界女装历史的长河中，欧洲中世纪之后女装发展与中华民国初期女装设计都极其注重女性体型的固有特征，具体表现在细腰、丰胸、夸张臀部的整体曲线造型上。如19世纪欧洲服装史上曾一度出现了紧身胸衣（图3–6），这种特制的服装通过收紧女性腰身夸张臀部造型来装饰女性，甚至不惜伤害身体来达到这一目的。再如，欧洲洛可可时期流行的女式裙装也是受女性人体造型审美的影响，从中可以看出女性体型特征对女装设计影响的力度。在女式裤装设计方面，设计师在遵循实用原则的前提下首先考虑的是如何体现女性臀部、腰部及腿部的美感。

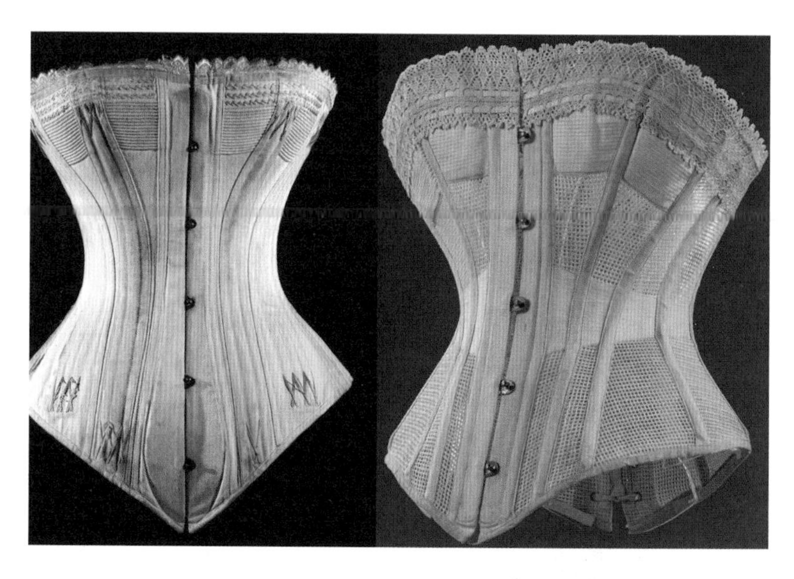

图3-6 女士紧身胸衣

因此，女式裤装的设计多以“收腰显臀”为设计原则。即便是宽松式的裤型也往往是将宽松的部分设计在臀围以下，通过放宽裤脚达到“收腰显臀”的可视效果，如喇叭裤、宽脚裤等（图3-7）。女式礼服设计中更是受女性体型特征的影响，设计师需要考虑女性人体体型本身与礼服相互融合后所展示出的女性独特魅力，如晚礼服要以胸围、腰围、臀围造型的比例特征为思考重点，力求设计出具有曲线美且高贵优雅的礼服。受西方文化的影响，当今中国的婚纱礼服设计同样强调“袒胸露臂”“收腰显臀”，甚至夸大女性臀部造型等，并且对头饰进行“精雕细琢”。这样的设计正是女性体型特征本身传达出的“内容”，也深深地影响了设计师的审美。正是这些优美的人体带给了服装设计师无穷的想象空间和设计灵感，从而创造出了无限灿烂的现代服饰文明。

图3-7 女士喇叭裤

相较男装而言，女装款式设计更加富于变化，是潜力大、具悠久历史的一个设计领域。设计女装时一般以娟秀、雅致的格调来体现女性的优美曲线与自然、温和的气质。应当避免刻板呆滞的造型线，侧重体型与色彩的呼应变化，以及恰当巧妙的装饰点缀。在女装结构造型方面，可采用收腰设计，以此展现女性柔美的一面（图3-8）；也可采用松身或直身设计，但要注意潇洒、别致、休闲等风格的体现。女装中各省道、分割线，配饰等应用较为频繁，一般会重点表现在胸部、腰部、臀部曲线上。在女装面料的选用上通常灵活且随意，色彩上则可较多地采用轻快、明亮的色系，并配以刺绣、图案纹样等，以此对服装加以修饰点缀，不断丰富其特色。在使用过程中，要注意不可过于烦冗复杂，从而影响整体效果的表现。

图3-8　女装收腰设计

（三）儿童人体特征与服装款式设计要点

童装款式设计首先是满足儿童生理功能以及心理功能的需要，其次是满足父母等对童装的审美需要。因此，掌握儿童生理及心理特征是首要条件。另外，由于童装的品种多、变化较为复杂，因此设计时必须掌握儿童在每一生长时期的体型、性格、爱好、活动及心理发育等特点。此外，还要结合具体的季节、气候、用途等进行全面的设计。不同时期的儿童有着不同的外形特征，根据生理和心理特性的变化，可分为婴儿期、幼儿期、小童期、中童期和少年期。

婴儿主要指从出生至1周岁，身高通常在50～70cm且手脚短粗的儿童。这一时期儿童的特点是脖颈较细、较短，皮肤细嫩，睡眠多、发汗多、排泄次数多等。因而，在款式设计方面常以细软的天然织物为主，如纯棉面料、纯棉双面绒等；色彩以浅蓝、浅粉、浅黄为主，给人以清新、淡雅的温暖感觉（图3-9）。此外，应避免选择过于复杂的服装结构与烦冗的装饰，如可采用侧面系带等款式，有效防止系带脱节等问题发生。

幼儿主要指1～3周岁，身高通常在70～90cm的儿童。这一时期的儿童性格活泼好动，头部大，腹部前挺，腰、胸、臀部的围度相差甚小。因此，在款式设计方面常以宽松、便于运动的风格为主，多选用穿脱方便的衣裤，如背带裤、娃娃衫等。高腰设计风格较多，不仅活动起来方便自如，而且能够彰显儿童活泼可爱的精神面貌。在面料方面多选用耐磨、弹性

图3-9　婴儿连体衣

好、较柔软的天然、化纤或混纺面料。色彩及图案方面常选用鲜艳亮丽的色系与趣味性较强的动植物图案，一方面表现儿童的天真烂漫；另一方面使童装成为其认识世界的一种途径（图3-10）。

图3-10　幼儿连体裤

小童主要指4～6周岁，身高90～110cm的儿童。这一时期的儿童体型特点是挺腰、凸肚、肩窄、四肢短，胸、腰、臀三部位的围度尺寸差距不大。一般来说，小童时期是儿童智力发育的旺盛期，好学且模仿能力强。这一时期的服装款式设计可以带有成年装的某些特点，但始终要以方便穿脱为前提，如夹克衫、短大衣、长袖裙等。面料的选用可根据季节与款式而定，主要以舒适耐磨为主。色彩及图案方面活泼明快，可运用多元化艺术表现手法，如具有抽象性、装饰性的艺术元素等，在一定程度上启蒙儿童的智力发育（图3-11）。

图3-11　小童服饰

中童主要指7～12周岁，身高120～145cm的儿童。这一时期也称为小学生阶段，是儿童运动机能和智能发展显著的时期。他们逐渐脱离了幼稚感，有了一定的想象力和判断力，但尚未形成独立的观点。生活范围从家庭、幼儿园转到学校的集体之中，学习成为生活的重心。男女体格的差异也日益明显，女童在这一时期开始出现胸围与腰围差。此时的款式造型不易过分花哨，整体上具有活泼整洁、健康向上的效果即可。在男童款式设计上可凸显一定的男子汉气概，如色彩或图案的选用等；女童款式设计上则可采用花边蕾丝、珠片等，以此来表现活泼、可爱的造型效果。在面料方面，应多选用质地坚牢、耐磨的面料，具有功能性强、朴素大方、朝气蓬勃的款式特点（图3-12）。

图3-12　中童服饰

少年主要指13～17周岁，身高145～175cm的儿童。这一时期是少年身体和精神发育成长明显的阶段，也是少年逐渐向青春期转变的时期。少女胸部开始丰满起来，臀部的脂肪也开始增多；少男的肩部变平变宽，身高、胸围和体重也开始明显增加。除了生理上的显著变化，心理上情绪易于波动，喜欢表现自我，因此少年期是一个“动荡不定”的时期。在款式设计时要以经济、实用、美观为原则，并以简洁、轻快的造型手法来展现少男少女们纯真、青春和略带稚气的外形。在面料、色彩选用方面，通常趋向流行化特征，使其在穿着时充满时代气息。

二、人体分类及服装款式设计原则

人的基本体型是由头部、躯干、上肢、下肢四大部分组成。由于体质发育情况、健康状况等各不相同，因此在体型上就出现了高矮、胖瘦之分，也会形成不同类型的体格。在进行服装款式设计时，必须考虑不同的体格特征，并科学地加以修饰。

（一）A形人体特征及服装款式设计原则

A形体格又称为“梨形身材”。A形体格的人群通常肩窄、腰细、臀宽，脂肪主要沉积在臀部及大腿部位，呈现出字母“A”形。A形体格的形成与雌性激素大量分泌有关，男性若是这类身材，则不利于运动，且缺乏美感。在针对A形体格的人群进行服装款式设计时，应当夸张加大服装外部轮廓，通过修饰下半身来遮盖多余的脂肪和赘肉为主要设计攻破点。通常，由于A形体格的人群肩部比胯部窄，因此只需使肩部看上去接近胯部的宽度，就可以打造成标准身材。除此之外，对肩部进行肩章等装饰设计的服装也能增强肩宽、提升肩部线条与立体视觉造型感。垫肩西装（图3-13）、大翻领设计的服装、一字领上衣、公主袖、宽松T恤、印花图案等都可以在视觉上使肩部显宽。设计师要特别注意不仅要增加肩部宽度，而且要避免进行具有膨胀感的下装设计，应当以简洁为主要设计方向。为A形体格人群设计服装时可采用“色彩弱化法”，即推崇“深色收敛，浅色膨胀”的设计原理。设计师可以利用色彩的视觉效应，通过服装色彩搭配来调整身材比例，凸显优点，掩盖不足。

图3-13 女式垫肩西装

例如，在设计整体套装的过程中，应尽量在上装使用浅色，下装使用深色进行色彩组合设计搭配，并与“视觉平衡法”相结合进行综合设计，这样所呈现出的服装作品效果会更加完善。如浅色的上衣款式可增加肩部的宽度，而深色的下装则可以收敛视觉比例，无论是色彩还是轮廓上，都能帮助A形体格的人群收敛臀、胯部的视觉线条。

设计师通过肥大、宽松的长裤、长裙设计，可以有效地对A形体格人群的下半身进行遮挡，以达到弱化臀、胯部和腿部人体结构线条的目的。例如，应当尽量避免紧身设计，多选择“宽松式”的设计理念，弱化臀、胯部与腿部的轮廓，在视觉上进行遮挡设计。注意简化下半身，尤其是臀部和大腿的衣量，这些部位不能强化，应避免在臀部附近有复杂的装饰设计，如强烈的对比色设计、较大的口袋设计、过于装饰性的绲边设计等。同时，应尽量避免选用质地柔软、贴身的面料设计下装。

除此之外，设计师在运用“遮挡设计原则”时，应当多为A形体格的人群设计H形、茧形的长款服装。这类服装款式会帮助A形体格的人群隐藏肩部、腰部、臀部的宽窄变化。以低调或拉长为设计主旨，始终遵循“上宽下紧”的设计法则。利用抢眼的项链、围巾等饰品，把他人的注意力集中在较瘦的上半身，这样就能扬长避短、彰显优势了。

（二）H形人体特征及服装款式设计原则

H形体格人群的特点是“上下一样宽”，三围曲线变化不明显，多表现为胸部、腰部、臀部尺寸相近，是典型的筒型身材。但由于腰部赘肉较多，使得上半身缺乏曲线变化。这种体型通常胯窄、腿长，如田径运动员、排球运动员等。在为H形体格的人群设计服装时，应当对腰部进行收紧设计，强化肩部与臀部，以“沙漏式”女装为基准，凸显女性腰部线条，或夸张臀、胯部位线条，进行强调造型设计（图3–14）。在为H形体格的男性人群设计服装时，应当重点突出男性肩部线条，彰显男性阳刚、健壮的一面。在服装色彩搭配方面，应重点在腰部进行深色设计，从而使腰部线条进行收缩。如在上装的两侧进行拼色设计，可达到很好的视觉修身效果，使腰部显得更加纤细，整体线条比例更加协调。

图3–14　“沙漏式”女装

（三）O形人体特征及服装款式设计原则

O形体格又称为苹果型身材，最主要的外貌特征是腰围大于胸围和臀围，大量脂肪堆积在腰腹部。O形身材的人下肢纤细修长，腰腹却突出浑圆，类似于部分中年男性的体型。应对腰部进行放松设计，或从胸部开始放松，弱化腰部线条，突出腿部线条。在服装色彩搭配方面，应尽量避免运用浅色系，较浅的色系容易放大视觉效果，如会使腰腹部显得更加浑圆等。在选择运用色彩时，应多以深色系为主，搭配较小比例的浅色，从而达到良好的视觉设计效果。

（四）X形人体特征及服装款式设计原则

X形体格又称为沙漏型身材，这一体格人

群主要以女性为主，特征为胸部丰满、腰细、臀宽、腿纤长，是拥有曼妙腰胯线的完美身材，因此也称为S形身材。在一系列跨文化研究中，不同年龄段的男性普遍认为腰臀比为0.7：1的X形身材女性最有魅力。就女性而言，X形体格女性人群是较为完美的人体，通常极具女性优雅、柔美的形态特质。

图3-15 插肩袖款式

（五）Y形人体特征及服装款式设计原则

Y形体格和A形体格正好相反，Y形体格是肩宽、臀窄、腿细的倒三角形身材。上身宽大，从臀部以下越来越细，就像一个“V”字，又称V形体格、T形体格。这种体格的男性胸部宽阔、躯干厚实，上身肌肉发达、下肢修长，走起路来颇有英雄气概，穿着西装时也显得十分潇洒。但对于Y形体格的女性而言，应当尽量避免肩部的夸张设计，最好选用插肩袖（图3-15）、蝙蝠袖、蝴蝶袖等服装款式元素，以达到弱化肩部的目的。

第二节 服装款式设计风格表达

风格指艺术作品所呈现出的代表性面貌。它不同于一般的艺术特色，通常有着无限的丰富性。从某种意义上来说，服装款式设计风格是来源于多元化的艺术风格，具有不同的艺术特征。对服装设计师而言，它是设计师在创作过程中基于对设计主题的充分理解，而后逐渐形成的一种设计个性。一方面形象且准确地对客观事物进行了艺术描摹，另一方面是在长期创作过程中所形成的个人设计风格。有关服装款式设计风格的种类有很多，从服装款式造型的角度可分为经典风格、前卫风格、运动风格、休闲风格、优雅风格、中性风格、趣味风格、民族风格等。

一、经典风格

优雅简洁、端庄大方的经典服装风格是成熟人群的最爱。在他们的消费习惯中，服装品质是尤为重要的因素之一。经典风格的服装通常会选用线与面的设计手法，如使用分割线或少量的装饰线作为经典结构设计等，这类设计相对较为规整且没有太多烦琐的装饰分割。经典风格服装廓形多选用X形、Y形、A形等，款式细节也相对较为简洁，如在正式场合所穿着的西装、夹克、风衣等。色彩常以黑色、白色、灰色、藏蓝色、酒红色、墨绿色、驼色等经典色系为主，给人一种高贵、沉稳的着装印象。在面料方面，经典服装风格多选用传统的精纺面料，主要以质地精良的单色、花色或格纹面料为主。经典风格服装如法国著名服装品牌香奈儿（CHANEL）的经典粗花呢套装、英国著名服装品牌博柏利（BURBERRY）的驼色风衣等（图3-16、图3-17）。

图3-16　香奈儿（CHANEL）品牌经典套装

图3-17　博柏利（BURBERRY）品牌风衣

二、前卫风格

前卫服装风格是众多服装风格中最为离经叛道、变化万千的一类，其超前、怪诞的艺术形式常带给人们别具一格的视觉体验，也在一定程度上超出了大众审美的认知。这种对传统审美的颠覆与反叛，一方面丰富了服装风格的品类，另一方面也对经典美学标准做出了新的探索。前卫服装风格多采用夸张、强调的设计法则去表现服装廓形、款式细节、色彩及面料之间的关系。在面料选择方面，多采用一些较为流行、新颖的复合型面料，如人造纤维、涂层面料等。在款式细节方面，前卫风格的服装为区别于常规风格的款式设计，设计师常运用不对称结构与装饰细节，例如在衣领、衣身、门襟等部位采用左右不对称设计；通过在衣袖袖山、袖口、口袋等部位进行多种变化。在装饰手法上大多采用毛边、破洞、补丁等。如英国服装品牌薇薇安·韦斯特伍德（Vivienne Westwood）、日本服装品牌川久保玲（Comme des Garcons）等都是前卫服装风格的代表（图3-18）。

图3-18　川久保玲（Comme des Garcons）品牌前卫风格服装设计作品

三、运动风格

运动装是人们日常生活中常见且穿着频率较高的一类服装。在运动风格服装款式设计中一般会采用对称式造型或拼接手法，以圆润的弧线与平挺的直线表现律动等。运动风格服装廓形常以O形、H形居多，板型较为宽松，便于肢体活动等。面料大多采用全棉、针织等机能性面料，具有排汗、透气的特征。色彩较为鲜亮明快，如红色、黄色、绿色、蓝色、橙色、黑色、白色、灰色等。运动风格的主要代表品牌如李宁、鸿星尔克、安踏等（图3-19）。

四、休闲风格

休闲风格与运动风格较为相似，具有轻松舒适的风格特征，是不同年龄层人群在日常生活中的必备选择。休闲风格服装并无太明显的指向性，时常运用点、线、面等设计手法，通常以三者多重交叠的形式展现，如文字图案、动植物图案、缝迹线装饰等，以此来凸显休闲风格服装的层次感。休闲风格服装多以天然纤维的棉、麻织物等为主，通过不同肌理效果的多元化运用来体现休闲风格的多变性。在款式细节方面，连帽款式、个性化的领部、袖部造型等都是休闲风格服装的设计亮点。此外，拉链、门襟、口袋、纽扣的设计变化也丰富多样，如在帽边、领边、下摆等处运用锦纶搭扣、商标、罗纹、抽绳等款式细节。休闲风格的主要代表品牌较多，如森马、美特斯·邦威、优衣库等。

图3-19　李宁品牌运动风格服装设计作品

五、优雅风格

优雅风格在女性服装品类较为常见，它是一种强调精致细节，凸显高贵气质的服装风格。其外观品质较为雍容华丽，款式廓形通常以S形为主，展现女性身材曲线与内敛优雅的成熟魅力。在服装款式设计构思方面，优雅风格服装通常不受形式限制，如连接式、点缀式等设计样式。一般采用较为规整的造型、分割线或少量装饰线进行设计，其中装饰线的表现形式多为线迹，或是工艺线、花边、珠绣等优雅风格。色彩选择十分广泛，主要以华美的古典色系为主。面料方面大多采用如绸缎、蕾丝、天鹅绒等高档品类。优雅风格服装领部造型多以翻领为主，廓形较为修身，分割线大多采用较为规则的公主线、腰节线等。优雅风格的主要服装品牌有纪梵希（图3-20）、普拉达等。

图3-20　身着纪梵希品牌的奥黛丽·赫本

六、中性风格

当下，随着人们经济生活水平的不断提升，大众审美标准也在不断地发生着变化。当性别不再是衡量服装美的唯一标准时，中性化服装则成为众多服装风格中一道独特且亮丽的风景线。近年来，男装女性化与女装男性化掀起了时尚圈的一股热潮，多数女装通过以直线、斜线等分割剪裁形式来彰显干练的男性化特征；男装则以曲线、修身等款式造型凸显感性、细腻的一面。在廓形方面，中性化风格服装通常以H形为主，色彩明度相对较低，如不同色阶的黑、白、灰等色调是使用较多的色彩。面料选择方面较为广泛，但一般不会选用女性特质较为明显的面料。

七、趣味风格

作为年轻消费者最喜爱的服装风格之一，趣味风格的服装总是充满可爱搞怪的青春气息，一直是引领流行的潮流风向标之一。其中，趣味风格服装在廓形设计方面常以个性、夸张的造型出现，如通过夸张整体廓形或局部细节等来彰显可爱特质，或是运用不同类型的造型结构线进行视觉分割，如超高腰、超低腰、后开襟、泡泡袖、灯笼袖、荷叶袖等设计。意大利服装品牌莫斯奇诺（MOSCHINO）是趣味风格服装的典型代表之一（图3-21）。

图3-21　莫斯奇诺（MOSCHINO）品牌趣味风格服饰作品

八、民族风格

民族风格服装是设计师将传统风格与现风格代进行有机结合而综合呈现的一种设计风格。设计师通常会借鉴某一民族服饰中的款式细节、色彩、面料、工艺、装饰等方面的元素。在汲取民族元素的同时，吸纳新时代精神理念，运用流行元素或新型面料及工艺加以设计，以全新的样貌凸显民族风格服饰韵味。在民族风格服装类别中，汉服风、和服风、波希米亚风、吉卜赛风等都是以传统民族服饰为设计样本，通过一定形式的借鉴与变化彰显民族风格服装款式变化。民族风格服装一般会参照不同民族类别的服装特点选用不同的造型元素，如汉服风格服装款式较为宽松，较少运用分割线设计，主要以多层重叠为设计亮点，采用如中式立领、旗袍领、方领等局部设计可展现别具一格的民族风格之美，或是以喇叭袖、灯笼袖、中式对襟、斜襟、无门襟套头衫、袖口开衩、暗袋、流苏、刺绣、盘扣、镶嵌绲边等工艺加以装饰（图3-22）。

图3-22　盖娅传说品牌民族风格服饰作品

第三节　服装款式设计思维凝练

思维凝练是服装款式设计中尤为关键的一个环节。设计师从设计主题、款式造型、色系搭配、面料及工艺选择等方面进行构思并加以整合与创新，通过全面分析与梳理，最终形成系列化的款式设计。

一、主题设计思维

在开启服装款式设计具体流程之前，主题设计思维的拟定与拓展是首要完成的任务。它既是服装款式的灵魂，也是体现主题内涵的必要条件。只有在确定设计主题后，才能将当季流行的时尚元素以不同设计手法植入服装款式中。当以运动题材进行主题设计思维凝练时，首先可以选用多款运动风格的服装单品，如棒球服、卫衣、篮球衣等（图3-23、图3-24）；其次，在这些基础款式上融入个人设计想法与当季流行元素，并加以拓展创新；最后所呈现出的服装不仅契合了设计主题，而且兼具了设计师本人的设计风格。

主题设计思维凝练方法主要有以下三种：第一种是主题色彩凝练法。主题色彩是服装

图3-23　棒球服　　　　图3-24　篮球衣

款式系列设计中最具亮点的一部分，也是给消费者留下深刻印象的关键要素。设计师可以通过提取相关主题色彩，形成个人设计风格。如当以“敦煌”为设计主题时，可以采用敦煌壁画中的丰富色彩作为设计思维拓展与凝练（图3-25），但注意提取色彩时不宜过于繁复、杂乱，应当以色系进行提炼。第二种是主题图案凝练法。主题图案与色彩有着不相上下的重要性，设计师可以对某一图案、纹样进行主题设定，并以此展开素材收集。如以具有中国传统特色的吉祥图案“龙纹”为主题时，不仅可以直接提取历代传统服饰中的龙纹式样，而且可将其进行重构与变形，以四方连续的图案形式呈现在服装上。第三种是主题款式凝练法。服装款式的外部廓形、内部结构、局部细节等是衡量服装设计作品好与坏的重要标准，也是主题设计思维凝练必须考虑到的重要部分。如当以“中山装”作为主题进行设计时（图3-26），设计师可以将“中山装”的外部廓形、内部结构、局部细节等方面进行拆解，提取出相关设计元素并添加当季时尚流行元素或新型面料来呈现。

图3-25　敦煌壁画　　　　图3-26　中山装

二、廓形设计思维

廓形设计思维是指在整个服装款式系列设计中，每套服装的外部廓形基本相似，通过增添内部结构线，以不同的细节变化衍生出系列设计。设计师要始终坚持强调服装款式系列的整体效果，通过改变服装的内部结构线及装饰线实现廓形设计思维的表达，使内部结构与外部廓形在变化中保持统一，不可破坏系列设计的完整性。例如，当服装款式系列设计中有多套服装廓形相似时，可通过改变领部造型、袖部造型、装饰细节等进行变化；也可以通过改变色彩及图案达到视觉上的变化，以此来凸显廓形设计思维的延展。此外，只要保证廓形设计形式的统一视觉感，也可运用相同面料与不同色系，不同面料与相同色系，相同面料与不同图案等进行组合搭配。

三、色彩设计思维

色彩设计形式主要包括单一色彩设计形式、渐变色彩设计形式、跳跃式色彩设计形式等。单一色彩设计形式主要是指某一相同的色调，如黑、白、灰色调等。渐变色彩设计形式则是指在整个款式系列设计中，由深到浅或由浅到深的渐变形式，如赤、橙、黄、绿、青、蓝、紫也是渐变色彩设计形式之一。跳跃式色彩设计形式主要是指整个服装款式系列由不同色系构成，如红色、白色、黄色、蓝色、绿色等，色彩之间的波动幅度较大。例如，图3–27中的服装色彩均是以红色为主，是单一色彩设计，这种色彩设计形式给人的视觉冲击较强。在这一设计中，设计师的灵感主要源于对生活中欲望的领悟，模特身着类似“红毯”的非常规面料，极具超现实主义风格与反讽意味。通过立体裁剪的硕大蝴蝶结、自然垂褶、不对称裁剪形式等将“红毯”这一厚重面料变成优雅的礼服，微微的光泽感和毛绒质感符合秋冬季节既保暖又动人的穿衣准则。

图3–27　运用色彩设计思维方法的服装作品

四、面料设计思维

面料设计思维凝练指在整个款式系列设计中，设计师通过不同面料组合形式来构成系列设计。一般可分为单色面料设计思维凝练和多色面料设计思维凝练。单色面料设计思维凝练是指整个系列的面料采用单一且相同的色彩。例如，图3-28中的服装系列是以灰色呢子面料为主，设计师通过廓形的变化和耐人寻味的细节设计来调和单一色彩面料所带来的乏味感。为呈现更为丰富的肌理感与视觉效果，设计师通过运用不同工艺方法对面料进行适当变化。在多色面料设计思维凝练中，当面料相同，色系不同时，只有在面料上增添一些细节化肌理设计，才能使多色面料看起来更加丰富多彩。

图3-28　运用面料设计思维方法的服装作品

五、工艺设计思维

工艺设计思维凝练指通过相同工艺来增加服装款式系列感，用一种或多种工艺在服装中加以重复应用，使服装款式系列具有统一感。注重细节表达不仅可以为服装本身增添价值感，而且能够使服装看起来更加精美。一般较为常见的工艺类型有镂空、打褶、刺绣、编织、印染、钉珠等，这些工艺设计手法可以运用在服装款式的各个部位，具有较高的审美艺术价值。例如，当整个服装系列以编织工艺作为主要构成形式时，设计师通过将不同色彩的欧根纱剪裁成长条或者圆裁成荷叶边的样式，将长条欧根纱编织成上衣、裤子或裙子，局部刻意留下的毛边也使服装有了一种未完成的随意感。这种层层堆积的绳结编织造型在一定程度上增加了服装的体量感和气势，半透明的欧根纱也使服装充满了浪漫主义色彩，编织工艺的使用使整个系列增添了系列感（图3-29）。

图3-29 运用工艺设计思维方法的服装作品

六、装饰设计思维

装饰设计思维凝练指在已有的服装款式上佩戴或点缀相同或相近的装饰品。装饰设计思维的凝练要与服装设计主题息息相关，如采用统一风格的饰品来装点服装整体造型等，这样不仅起到了装饰作用，更重要的是能让整个系列看起来更有系列感。例如，当设计师以珊瑚作为主要设计元素时，一方面可以将珊瑚图案印在服装面料上；另一方面可以将做工精致的

图3-30 运用装饰设计思维方法的饰品

珊瑚项链、珊瑚造型包袋、珊瑚造型耳饰等作为装饰设计亮点（图3-30），搭配于服装中。这种具有体量感与装饰感的饰品，不仅可以呼应服装上的珊瑚图案，而且可以作为装饰亮点辅助系列设计，使整个系列的视觉冲击力更强。

第四节 服装款式设计方法

服装款式设计方法是服装款式设计工作的核心组成部分，也是表现设计师个人风格及理念的一种手法。如保留经典款式廓形而对服装面料、色彩、工艺等进行变化，或是以经典款式为创作模板，通过调整变化内部结构分割线、领部造型、袖部造型等细节，以此来彰显服装款式设计特征的多变性，从而形成多种设计风格。

一、廓形设计法

作为服装设计中的基础要素，服装外部廓形对服装的整体造型感、品质感都有着至关重要的影响。在多数知名服装品牌的秀场中，设计师都会选定数款具有鲜明廓形特征的服装作为当季主打系列单品，并以此作为基本造型进行延伸，从而贯穿于整个系列。那么，在服装外部廓形不产生大幅度变化的基础上，就需要设计师通过一定的设计手法从服装的面料、长短、色彩、图案等方面来丰富服装款式形态，这种设计方法在各大品牌的设计作品中也较为常见。

（一）面料变化设计

外部廓形相同而面料不同属于较为基础的设计方法，设计师通常会在不改变外部廓形的前提下以不同质感的面料来演绎作品，这样不仅能够增强系列感与整体感，还能使观众的视觉感官集中在面料上，从而突出新型面料或精美面料的特性与质感。面料的变化设计主要是通过改变面料的材质或增加面料的装饰来体现。例如，图3-31中的这三套服装在外部廓形方面较为相似，都属于A字形连衣裙。其中，浅绿色连衣裙面料是细腻柔软的天鹅绒，裙身上镶嵌了以墨绿色、酒红色等为主色的璀璨宝石，通过一定的排列布局形成意大利古典装饰图案，呈现出雍容、华贵、神秘的高雅气质；白色丝质连衣裙面料看似轻薄，实则挺括，裙身中间部分的蕾丝镂空面料装饰给人以纯洁、神圣之感；正红色连衣裙的面料则是偏厚重感的蕾丝，这种蕾丝面料相对轻薄的蕾丝更有架构感，不仅能修饰穿着者的身材，其若隐若现的视觉效果还可以衬托出女性妩媚的一面。

（二）长短变化设计

长短变化设计指在服装外部廓形相似的基础上，设计师为了强调服装款式系列的整体性，通过改变服装长短而衍生出的一种常用设计手法。这种方法主要体现在改变服装长度方面，如服装下摆至地面的长度、袖长、裤长、裙长等。例如，图3-32中的三套服装看上去相似却又略有不同，它们腰部以上的款式廓形是完全一致的，唯一的差别在于款式的长短不同。设计师通过长短变化设计方法，带给观众耳目一新的视觉印象。当服装下摆在臀部位置时，模特穿着效果更贴近中性化的暗黑风格；当服装下摆处于膝盖之上时，原本的外套通过

图3-31　运用面料变化设计方法的服装作品

图3-32　运用长短变化设计方法的服装作品

长短设计变化为连衣裙的样式，看起来更为女性化，凸显了模特的臀腰曲线；当服装下摆处于肚脐之上，长短设计变化为超短款西装外套时，模特整体造型则增添了几分硬朗的阳刚之气。这种设计方法通常会在秀场中以连续性、系列化的方式出场，在增强气势的同时更加耐人寻味。尽管长短设计方法看似较为简单，但在实际应用过程中需要设计师能够准确把握节奏，全面提升整体系列造型感。此外，设计师也可以在某种基本款上进行纵向设计，如将某一款经典外套分别搭配短裤、长裙、九分裤、背带裤等。

（三）色彩变化设计

不同的色彩所表现的情感是完全不同的，例如红色给人以热情、澎湃之感，蓝色给人以忧郁、沉稳之感，黄色给人以活泼、乐观之感等。在外部廓形相似的前提下，通过色彩变化设计后的服装所呈现的样貌也会有所不同。

色彩变化设计是一种简单且实用的设计方法，可以满足消费者的不同色彩需求。例如，图3-33中所示的三套服装款式基本相同，虽然设计师对上半身的袖部造型进行了变化设计，但是在视觉感官层面上，它们的款式廓形仍然是相似的。橙色无袖连衣裙、蓝色半袖连衣裙及绿色长袖连衣裙，这三种色彩所呈现出的视觉效果也截然不同，橙色动感活力、蓝色深沉安静、绿色青春活泼。通常服装品牌会根据当季色彩流行趋势而决定在秀场中出现哪些色彩，这样就可以在每个色系中出现一套廓形相同，但色彩不同的服装来贯穿整个系列。

图3-33　运用色彩变化设计方法的服装作品

（四）图案变化设计

在服装外部轮廓造型相似的情况下，设计师可以通过调整图案形式、改变图案位置等形式进行设计变化来构成款式系列设计。图案变化设计与色彩设计方法有着异曲同工之妙，都是一种相对高级又略带玩味的设计方法。在具体应用过程中，如可以选取多款廓形相似的连衣裙，并将某一图案进行拆解变化，分别应用于不同部位，以此来构成系列设计。图案变化设计的美与丑是考验设计师设计水平高低的重要参照标准之一。图案的形态可以分为平面图案与肌理图案，平面图案主要包括印花、艺术插画等；肌理图案即面料再造，主要包括对原面料进行立体化的二次创造。如图3-34所示，模特身着的服装外部廓形相似，但图案分布的位置却有所不同。左边的服装，设计师通过截取图案局部，并将其分别应用于领部、袖部、腰部两侧以及下摆处，中间的留白形式使服装整体看起来更加通透、舒适。中间的服装，设计师将完整的图案素材以LOGO形式应用于服装中心部位，极具视觉冲击力，使人印象深刻。右边的服装，设计师将图案放大，并以印花的形式铺满整件外套，呈现出独特的印花效果。但运用这种方法时要注意图案分布的合理性。

图3-34　运用图案变化设计方法的服装作品

二、结构设计法

服装结构线的存在是为了给服装外部廓形提供最基本的框架。当服装结构线位于服装衣片拼接或重要结构处时，结构线此时就兼具了功能性与装饰性。设计师需要全面考量结构线的两大性能。相较于廓形设计方法，结构设计方法往往需要遵循一定的合理性，这也是衡量设计师服装结构设计技能的重要内容。

（一）分割线变化设计

当设计师在具有相似外部廓形的服装上进行分割线变化设计时，可运用不同的线条将服装分成若干部分及裁片，从而形成不同的视觉观感。这时的分割应当根据服装基本结构的需要进行，使其转化为具有美学装饰特征的造型线。

1. 同款服装廓形不同横向分割设计

横向分割设计在服装款式系列设计中的运用较为广泛，例如在廓形相对固定的基础上，为达到不同的设计目的从而作出不同的分割。在横向分割时，需要找准位置，强调服装整体的韵律感。一般多采用嵌条、绲边、明线等装饰分割线。横向风格通常可以引导人们视线的横向移动，当进行等距离的横向分割超过两条线时，会使服装在视觉上有横向拉宽的感觉。因此，设计师要特别注意分割位置，如全面了解女性人体结构，合理将分割线运用于腰围线、胸围线上等。设计时不过分追求数量，而是更加注重整体的和谐与美感。合适的横向分割会相对拉高穿着者的身高比例，从而在视觉上产生高挑、纤长的效果。当分割的距离基本相同时，可称为等量分割，这种分割形式一般较为整齐、大方。渐变分割是运用分割线将服装分割成渐变的形式，具体可以分为从上至下、从下至上、从中间向两边、从两边向中间等，这类分割形式往往会使服装看起来更有层次感。自由分割形式的前提是要按照形式美法则进行分割设计，否则会弄巧成拙，有失设计美感。

2. 同款服装廓形不同纵向分割设计

纵向分割也称为垂直分割，主要指设计师在依据相似服装廓形的基础上进行不同的纵向分割设计。分割线的疏密度往往决定了服装的整体效果，疏密变化也会影响服装款式所表现出的设计风格。细密的分割线与疏离的分割线所呈现的视觉效果不尽相同。例如，细密的纵向线条会更好地修饰身型，而疏离的分割线则会根据位置的不同而产生功能性变化。在纵向分割设计中，要注意分割线的比例分配，如采用对称、等分、自由等形式来进行综合分割。当分割线在服装上呈现较为对称、保守的风格时，左右两边的分割则可以任意拟定，这种分割形式比较适合成熟、干练的女装款式。而不对称式的纵向分割在服装款式表现上则显得更加独特，也更适合追求个性的年轻女性。

3. 同款服装廓形不同斜线分割设计

斜线分割指在相似的服装廓形上进行不同斜线分割设计，主要分为放射斜线分割与平行式斜线分割。斜线是服装款式设计中十分常见的一种分割手法，不同斜线的斜度会带给人不同的视觉感受。例如，当服装上的斜线斜度越接近90° 时，人体比例则会显得愈加高挑；而当斜线斜度接近180° 时，则在视觉上将人体比例拉宽。设计师可以选择沿着某一方向进行分割，也可运用不同方向进行分割设计。当设计师沿着某一方向进行分割设计时，会给人一种指向性的动态趋势感，增添动感与设计感。相反，不同方向或多方向分割设计则能够打破整体的呆板感，使服装具有不对称的设计美感。在女装款式设计中运用斜线分割会更加凸显女性曲线，而在男装、童装等品类中，可将不同材质、色彩的面料拼接并进行斜线分割设计。斜线分割的分割线讲究错落有序，使服装看起来端庄、大方。除此之外，斜线分割设计还可以与拼接设计相结合，通过省道的转移变化，将常规省道分割转移到设计别致的分割线中，再通过不同材质进行合理拼接，使服装不仅结构时尚新颖，而且增添了观赏性与趣味性。

4. 同款服装廓形不同曲线分割设计

曲线分割指在相似的服装廓形上进行不同曲线分割设计，这种分割形式常给人以柔美、和谐的感觉，也是女装款式设计中常用的设计方法。曲线分割设计方法多用于女装胸省、刀背线等位置，如公主线分割、刀背线分割等，这类分割形式被称为规则性曲线分割。不规则性曲线分割往往更具创意性，设计师通过运用服装的余量并将其转移到独具创意的分割线中，这种设计方法不仅独具匠心，而且通过省道转移较好地规避了常规分割对服装整体性的破坏，使服装更加简洁。规则性曲线分割设计一般采用左右两边对称的形式，多用于端庄、成熟、干练的服装品类中。不规则性曲线分割设计则会按照设计师的个人想法进行随意分割，这种方法较为轻松、自如，多用于礼服设计中。当同一廓形的连衣裙采用不同曲线分割设计方法时，呈现出的服装风格也有所不同。曲线分割设计方法一般采用质地面料差距较大或不同色系的色彩进行拼接，这样中间缝合的拼接线才会更加明显。设计师也可以在线迹上做一些立体装饰，如缝贴珠片、布条等，使装饰线更具特色。

（二）省道线变化设计

省道线在服装款式设计中具有修身、塑形及装饰的作用。特别是在女装款式系列设计中，省道线是一种常见的设计分割方法，它看似简约但并不简单，具有丰富服装款式整体效果的作用。

1. 同款服装廓形不同直线省的设计

直线省主要被应用于女装款式设计中的胸省、背省及臀围省等。当检验一件女装是否贴体合身时，主要是看其胸省的设计是否合理。胸部省道还可以从改变省道位置的角度来进行设计变化，从而丰富设计样式。背省设计也是直线省的一种，它一般用于后肩线、后腰线上，这时的设计要根据造型要求进行合理设计。设计师可以通过省道转移中的直线省设计方法，将胸省转移到肩部、腹部、腰部等不同位置，这一方法在连衣裙、礼服中的运用较为广泛。要注意保持整体服装的比例及造型，在保持简单廓形基础上又不失时尚感。

2. 同款服装廓形不同弧线省的设计

弧线省是服装立体裁剪设计中的省道，它是将面料包裹于人台之上，通过立体裁剪而呈现的一种合体造型。直线省道的省线是等腰三角形，而弧线省道的省线是曲线形。作为一种较为考究的设计方法，要根据人体的结构进行设计。当设计师为了使服装更加合体，需要以人体结构作为参照对象来设计省道的弧度。例如，当弧线省道被应用于胸部设计时，一定要经过胸高点，这样才能使服装更加合体。此外，还有许多弧线省道的设计方法，根据设计需求不同，省道的位置也有所不同。由于曲线线条本身就具有柔美的特征，因此弧线省道更适合用于女装款式设计中。

（三）褶裥变化设计

褶裥变化设计方法多用于婚纱、礼服中，它也属于面料再造的一种形式。当设计师希望在保持相同服装廓形不变的基础上，通过增减褶裥的方式来进行系列设计时，这就是一种可以保持系列感与整体感的设计方法。褶裥一般可分为人工褶与自然褶。人工褶指通过人为折出或抽出来的褶，自然褶指在面料堆砌后自然悬垂下来出现的一种褶。这两种褶所表现出的形态及视觉感受均不相同，人工褶给人以强烈的秩序感，自然褶给人以温和感。裥是通过熨斗按照一定规律所熨烫出的褶，这种褶相对较为整齐，如女式百褶裙上的裥等。褶裥变化设计方法在女装结构设计中应用较为广泛，常被用于领口、胸口、袖口、下摆等处。

1. **褶裥在领口的变化设计**

褶裥在领口的变化设计方法非常丰富，如褶量的疏密、褶裥的大小、立体与平面等。例如，图3–35中三套服装在衣领处的褶裥变化设计各有特色，左边款白色网纱领子是基于经典领部款式拉夫领的变形设计，设计师将原本较为厚重且装饰感极强的拉夫领在轻透面料的演绎下变得具有趣味性。这种褶一般是用熨斗熨烫而成的，看起来十分整齐且形式感较强，使颈部显得较为修长，也增添了服装的设计美感。中间款服装的领部造型是在圆领基础上进行的不对称设计，通过叠压褶的形式来进行装饰。这种不对称领部设计看起来十分独特，在细节上的创新应用给人留下了深刻的印象。值得注意的是，类似于这种不对称设计方法可以任意选择方向，没有特定的设计规律，只要符合形式美法则即可。右边款服装是用面料堆积的手法制作出的衣领，领子部位的褶是由手工折出来的，看起来立体又带有一丝古典韵味。在衣领处运用褶裥时要注意不可过量，否则会在视觉效果上显得脖子短而臃肿。

图3–35　褶裥在领口的变化设计

2. **褶裥在胸口的变化设计**

当褶裥在胸口处进行变化设计时，应当注意适量即可。虽然适量的褶裥会凸显女性胸部的性感与柔美，但由于女性特殊的胸部特征，过量的褶裥会使其在视觉上产生臃肿、厚重的效果，特别是身材矮小且偏胖的体型更加不适合这种设计。设计师要保证服装外部廓形不变的基础上，通过在胸口处改变褶裥的大小、方式、薄厚来体现不同的效果。例如，图3-36中的三套服装褶裥的形式都十分轻盈，左边款橄榄绿色的长裙胸口处运用的是自然褶，给人以飘逸、柔美之感，这种轻盈型面料最适合细小的自然褶设计。中间模特所穿的蓝色长裙采用斜向抽褶的设计方法，这种规律型褶饰更加具有排列组合般的秩序感。右边款橙红色裙装则采用的是褶裥叠压的设计方法，通过一层叠压一层的设计形式体现层次感，这种形式在婚纱礼服中应用较为广泛。由于褶裥需要熨烫，因此一定要选择耐高温、定型好的面料。

图3-36 褶裥在胸口的变化设计

3. **褶裥在袖子的变化设计**

褶裥在袖子的变化设计可运用于袖身、袖口、袖窿等处。如图3-37中的左边款长裙将褶运用于衣袖袖身上，整体看上去呈波浪形态。这种设计方法既可以通过抽褶的方式制作，也可以先做出褶的部分然后再缝合到衣身上。中间款衣袖的褶则是运用在袖口上，这种设计方法常用在泡泡袖上，具体可根据袖口的褶量多少来控制袖形的大小。当袖形越大时，褶量也就越多。右边款衣袖的褶以抽褶的形式环绕整个袖窿，也可用捏褶设计的方式来制作花苞袖、羊腿袖等。褶裥在袖窿处进行设计时要注意褶的数量与本身角度的问题，不能一味地追求褶的数量和体积，要考虑穿着后人体比例的美观性（图3-37）。

4. **褶裥在下摆的变化设计**

褶裥在裙装、裤装以及上衣的下摆处应用也非常广泛。设计师在进行服装款式系列设计时，要通过改变下摆褶量的大小、长短、疏密等进行不同的造型设计。其中，以裙装下摆为例，图3-38中两套服装均是白色上衣搭配黑色褶裙，外部廓形基本相似，左边裙摆褶量稀疏，看起来较为轻薄；右边裙摆褶量较多，具有明显的蓬松感，这种下摆设计方法在婚纱中的运用十分广泛。在外部廓形一致的基础上，改变下摆的不同形态是十分常见的设计手法。

图3-37　褶裥在袖子的变化设计

图3-38　褶裥在下摆的变化设计

三、局部设计法

服装的局部造型变化对于丰富服装款式有着至关重要的作用。当设计师以服装外部廓形不变为设计前提时，可以通过改变服装结构的衣领、衣袖、口袋、腰线、下摆的造型样式来丰富系列设计。

（一）领子变化设计

领子的变化设计在局部造型中扮演着重要的角色，它跟人的脸部相接近，更容易吸引人的视线。服装的领型设计一般不受限制，设计师可以进行各种不同的装饰造型。当衡量一件服装的美丑时，领部设计是重要的考量标准之一。例如，装领是指领子和衣身分开，通过领座来连接的一种款式结构，衬衫领、翻领、驳领等都属于装领。在设计西装外套时，可运用装领的形式进行变化设计，如保持西装外部廓形不变，通过改变领型来进行变化。值得注意的是，女装的领子不像男装的领子要受到约束，设计师可以运用多种方法进行设计。例如，连身领设计会修饰人的脖颈，使脖颈看起来更加修长，比较适合简洁、大方的服装款式。

（二）袖子变化设计

袖子是服装款式造型的主要部件，造型变化丰富，具体可以根据服装需求来设计。其中，装袖是指袖片和衣身分开，通过袖窿来进行连接。例如，西装袖就是典型的装袖形式，装袖的特点之一是使服装看起来更加合体、平整，增强立体感。连袖是指袖子和衣身是连接在一起的，主要应用于中式服装中。连袖穿着舒适，但在腋下会产生一些自然褶皱，设计师可通过改变肩线的斜度使袖子更加合体。连肩袖是连接袖山与领线的设计，根据造型要求可分为一片袖、两片袖等，连袖设计所使用的面料较多，因而这一款式价格也相对较高。设计师也可在一款袖子的基础上做长短设计、袖口宽松设计、袖身肥瘦设计等来进行系列变化的设计，或根据设计需求以及不同袖型的特点来改变袖窿、袖口、袖身、袖长的造型等。

（三）口袋变化设计

口袋在服装造型中具有装饰性和实用性的特征。设计师通常会在设计时根据服装风格来改变口袋的比例、大小、位置等。例如，在女装设计中不同造型的口袋会为服装本身增添亮点，具有一定的装饰作用。挖袋是在服装面料上直接开口做袋，根据设计需求常以袋盖的形式呈现，一般多用于正装、休闲装等，这种口袋设计形式简单且实用。贴袋可分为平面、立体两种类型，多用于大衣、夹克、家居服等款式中，其实用性及装饰性都较强。假袋是指缝合在服装上的装饰性口袋，可用来丰富服装的造型变化，有时也可起到画龙点睛的作用。常规口袋的位置一般都是在臀部两侧，胸前、腰部等位置，设计师通常会在其装饰性的基础上增添一定的实用性。在进行口袋变化设计时，要根据服装的性能来实现设计，不可画蛇添足，需要时刻注意与服装整体造型的和谐搭配。

（四）腰线变化设计

腰线变化设计可以修饰人体的整体比例，掩盖人体身材上的缺陷，扬长避短。例如，当设计师将上身较长的女性作为设计对象时，应当采用高腰线设计，将其下身比例拉长，使整体身材比例看起来更加高挑。高腰线设计一般在胸部以下、腰部以上的位置，特别是在裙装、裤装中的运用最为广泛，这类设计会凸显腿的比例，使腿部看起来更加修长。中腰线位于人体腰部最细的位置，在裙装中的应用也相对比较广泛。低腰线设计指将腰节线下调到臀围线附近，这种设计比较适合运用于宽松的服装之中，给人活泼可爱的感觉。

（五）下摆变化设计

设计师通常会根据服装款式的风格特征来搭配相合适的下摆，如优雅风格常采用弧线形下摆设计，工装风格常采用直线形下摆设计等。下摆变化设计时应注意比例与宽松度，要始终符合人体结构，灵活运用。长下摆指长至脚踝，通常在礼服中运用较多；中长下摆指裙底到膝盖或小腿中部，通常在外套、裙装、裤装中运用较多。短下摆指在臀围线到大腿的根部位置，通常在T恤、卫衣、外套中运用较多。流苏式下摆指下摆拼接流苏，其长度可根据设计师的想法或设计对象的需求而定；围裹式下摆指一片裙式下摆，常以包裹形式出现；多层式下摆指下摆以多层形式拼接而成，层次感较强；波浪形下摆指下摆呈松散弯曲的形状，从远处看起来像波浪一样；百褶式下摆指以褶的形式做成的下摆，具体可根据设计需求来决定长短；不对称下摆指下摆线两侧的尺寸各不相同，这种设计通常具有设计师个人特色；拼接荷叶边下摆指下摆拼接斜纱线面料，以此呈现底边弧线形的效果。

（六）肩部变化设计

肩部结构是撑起整个服装结构的重要支点，对于整个服装款式上半部分的外部轮廓有着重要的影响。肩部变化设计既可以提升整个人的气质面貌，又能给服装带来一定美感。设计师可通过肩线变化设计来丰富肩部的造型。如要与服装款式整体效果相协调，在此基础上可进行不同程度的创意表达，如夸张造型、镂空、捏褶等多种工艺造型。多样化的肩部设计可以丰富整体的造型感，如圆肩、方肩更加适合成熟、干练的职场女性；落肩、连肩设计具有可爱活泼的特征，在童装或休闲装中更为常见。设计师在进行肩部变化设计应用时，应当在廓形不变的基础上改变肩部的造型，如连衣裙、外套、衬衫等。

实践训练与创意拓展——

服装款式设计创作流程

课题名称：服装款式设计创作流程

课题内容：市场定位与消费者调研
素材收集、灵感板创建与潮流分析
服装款式系列设计分析
服装款式设计草图绘制
服装款式系列设计绘制要点

课题时间：24课时

教学目的：通过服装款式设计创作流程学习，学生全面了解与掌握市场定位与消费者调研，素材收集、灵感板创建与潮流分析，服装款式系列设计分析，服装款式设计草图绘制，服装款式系列设计绘制要点。

教学方式：教师PPT讲解基础理论知识。根据教材内容及学生的具体情况灵活制定课程内容。加强基础理论教学，重视课后知识点巩固，并安排必要的练习作业。

教学要求：
1. 要求学生深入了解与掌握服装款式创作流程，并能够根据不同主题，独立完成设计创作。
2. 课前及课后提倡学生大量收集设计素材，并进行有效分类与管理。课后对所学知识点进行反复操作实践。

第四章　服装款式设计创作流程

现今服装市场消费需求持续升级，大众审美标准也受到了多元化流行趋势的影响。只有基于精准的市场定位与广泛的消费者调研，方可开启素材整理与灵感板创建工作。通过系统性地理论与实践分析，才能深入绘制草图、效果图与款式图。服装款式设计创作流程主要包含五个方面，分别是市场定位与消费者调研、素材收集与灵感板创建、服装款式系列设计分析、服装款式设计草图绘制、服装款式系列设计绘制要点。

第一节　市场定位与消费者调研

在展开具体设计创作之前，市场定位与消费者调研是开启服装款式设计创作流程的首要环节。对于服装设计师或服装品牌而言，想满足市场中所有消费者的需求是不切实际的。应当始终与市场保持紧密联系，不断深入了解市场动向，大量收集相关信息，发挥自身优势，扬长避短，准确定位，这样才能设计出被市场及消费者认可的优质产品。

一、市场定位

在市场定位中，设计师首先要进行全面的市场调研，通过设计不同类型及内容的调查问卷，深入了解消费者的喜好及需求。其次，对市场调研结果进行全面解读，选定某一群体为目标消费群，并以此作为设计活动的依据。如在每一季的服装新品发布中，最热销的款式往往是最紧密贴合市场的。最后，通过选择特定的服装风格、款式、色彩、图案、面料、工艺装饰等来迎合消费者的需求，最终使这些系列设计作品成为目标消费群的第一选择。

（一）调研定位

就国内市场而言，许多一线城市每年都会举办时装周或服饰博览会等，参展的服装类别及风格千变万化，极具时尚风范与设计创意。但在当今的市场环境中，过度的夸张与创意表达并非核心竞争力，被消费者所接纳、让消费者成为该品牌的忠实客户才是关键所在。

在前期调研阶段，设计师要明确调研内容，全面做好准备工作，并从以下三个方面进行调研。一是国际时尚潮流信息调研。目前，传统且单一的服装市场环境已不能满足消费者的个性化需求，多元文化与时尚产业交融成为全球服装市场的主要发展方向。及时关注相关流行资讯，实时更新设计理念，才能准确引领设计师走在服装市场的最前沿。二是目标消费者购买需求调研。这一部分是最为关键的核心部分，只有深入了解消费者真实的需求，才能有助于接下来的设计创作。三是售后反馈评价调研。这一调研内容能够让设计师直面问题核心，及时发现并解决问题，摒弃销量不好的设计，从而创作出更受目标客户群欢迎的产品。

（二）类别定位

服装类别定位是针对目标客户群进行的款式筛选。由于不同消费群体有着不同的生活方式、工作环境、兴趣爱好、成长背景等，因此在审美喜好及着装习惯方面也会产生较大的不同。这时的消费者已形成了某种特定的消费习惯，如在选购服装时往往会选择购买某一类或某几类的服装风格及款式。例如，当目标消费群体定位在职场女性时，精致、干练的通勤套装则会成为她们的首选，具体款式如女式西装、西裤、翻领衬衣等（图4-1）。当目标消费群体的诉求过于多样化时，应针对服装类别进行准确划分，这样才能获得更多消费者的青睐。

图4-1　职业装单品

（三）风格定位

精准的风格定位是设计师寻找灵感的必经之路。例如，当目标消费群体是一类特立独行、标新立异的少年时，此时的服装风格可尝试更多丰富、多元的设计变化，以此来博得目标客户群的关注，形成特定的风格定位。当目标消费群体为成熟、稳重的中青年时，设计师要考虑的是这类人群往往已经形成了相对稳定的风格喜好，应当在他们能够接受的一定范围内衍生一些新颖的设计元素。例如，当以热爱户外运动的男性为目标消费群体时，主打功能性、实用性的户外休闲风格、工装风格等均是最佳选择（图4-2）。相反，造型过于夸张的朋克风格、装饰过于烦琐的洛可可风格等则会显得格格不入。

图4-2　工装风格服饰单品

（四）良性调整

适当的调整能够为目标消费群带来新鲜的视觉体验。目前，许多服装品牌及设计师在构思每一季的新品时过度关注推陈出新，希望通过跳跃性的设计不断赢得关注。事实上，杂乱无章的服装款式及风格往往会使品牌陷入混沌状态，丢失原有的风格定位，使目标客户群难以抉择，降低了品牌忠诚度。因此，当前期准确的市场定位已经对目标消费群产生了一定影响时，若在这一时期做出大幅度改变，则会使原本稳定的目标客户群对品牌失去信心。只有长期精准、稳健的市场定位与可控范围内的局部良性调整才能保证目标客户群的忠诚度，并以此拥有长久的稳定客户。

二、消费者调研

设计师只有全面且深入地了解消费者的需求，才能源源不断地设计出符合其喜好的产品。在进行消费者调研过程中，需要注意以下三个方面。

（一）了解自己的风格

作为一名合格且优秀的服装设计师，第一步就是洞悉自己的内心，了解自己的设计风格。当设计师本人所擅长的设计风格与目标消费群体喜爱的风格大相径庭时，这时设计就会变成一件十分困难的事情，也难以进展下去。因此，作为设计师应当首先清楚自己的设计想法，发挥个人设计优势，例如在哪些元素运用上较有想法，不太擅长哪种风格或单品的设计等。

（二）锁定消费者群体

当下服装市场十分庞大、冗杂，消费者的需求更是千变万化。对服装品牌或设计师而言，选择某一类具有共同消费特征、审美品位、消费需求的目标客户群是较为务实的一种做法。通过锁定他们作为自己的目标客户群，尽全力满足其消费需求，从而舍弃其他市场，只有这样才能专注且深入地完成设计作品，设计师在设计过程中才会更加得心应手。

（三）调研消费者习惯

调研消费习惯具体可以通过调查问卷、街头观察、访谈等近距离调研方式进行，以便更加全面地获取有效信息。在这一阶段的调研中，所获得的信息时常是一些较为简单、零碎的表象型基础信息。如果想要获得更加有效的信息与设计指导，必须对这些基础信息进行归纳、总结与剖析，从而获得更为科学的结论。在调研消费者的着装风格或审美喜好时，可以通过相关信息分析其青睐的设计元素。例如，喜欢浅色系家居风格的消费者往往更偏向于丹麦设计理念，多数消费者崇尚原生态的绿色设计（图4-3）；喜爱剪纸、年画的消费者倾向于色彩艳丽的民俗风情；喜爱东方水墨、苏绣艺术的消费者对具有禅意风格的服饰更为青睐等（图4-4）。在日常生活中也可以观察到一些有趣的现象，如喜爱摇滚音乐的人在服饰穿搭方面酷爱朋克风格、哥特风格，马丁靴、机车风皮夹克是其必备的单品。在调研消费者习惯的过程中，要注意了解以下三点内容。

1. *成长背景与兴趣爱好*

了解目标消费群体的职业、受教育程度、兴趣爱好、性格等特征。在一定程度上，这些

图4-3　浅色系设计风格

图4-4　水墨设计风格

特征能够展现其情感需求，使设计师熟悉这一类人群所具备的基本特质，能够更好地换位思考并在设计中融入相关要素，达成理想的效果。

2. *消费习惯与价值需求*

设计师及品牌的诉求是期待消费者为产品所消费。因此，必须了解其日常消费习惯，例如每月有关服饰的开销等，以便投其所好。不同的目标消费群体有着完全不同的生活理念，从某种意义上来说，这些价值观念也决定了其最终会选择哪一种风格或价位的服装。

3. *目前的着装风格*

就多数消费群体而言，其着装风格是趋于稳定状态的。在展开设计前，如果设计师熟悉目标消费群体目前着装的风格习惯，那么在设计中可以更加契合其着装诉求，显然也更容易获得青睐。

第二节　素材收集、灵感板创建与潮流分析

素材收集、灵感板创建、潮流分析是服装款式设计前期进行主题构思的重要环节。设计师需要通过大量的素材收集、整理与归纳，提炼出色彩、语言、视觉符号等抽象或具象的设计概念。服装款式设计的具体实施要紧密围绕设计主题进行创意延伸，其中所涉及的元素

运用则会直接或间接地表现在服装外部廓形、内部结构、色系、图案、面料、工艺等方面，这些直观的视觉效果共同形成了服装款式设计的外在表现力。因此，主题设定的成败在于所收集素材质量的优劣，灵感板创建是否具有吸引力，服装款式韩流分析的系统性与深入性等。

一、筛选灵感素材

寻找主题灵感是设计师开启服装款式系列设计的第一步。从最初的市场调研、灵感汲取、潮流分析到排除冗杂信息、筛选素材等环节，最终获得包含色彩、风格、潮流风向等元素的主题灵感板。

（一）寻找灵感

有效筛选灵感素材的第一步是确定灵感来源。设计师在找寻灵感时不仅要有天马行空、充满创意的感性思维，同时还要从调研结果中进行理性层面的分析。只有感性与理性的并驾齐驱，才能更加贴近消费者并获得认同。初学者往往习惯从时装周等发布会中寻找灵感，尽管也能够得到一些启发，但长期依赖于此则会形成局限的思维模式。应当将视野拓展到艺术、文学、历史、建筑、社会等诸多领域，这样才能获得更多新的体验。例如，艺术展览是艺术家、设计师们最常汲取灵感的关键场地，精美绝伦的绘画、雕塑作品是人类艺术文明的瑰宝，同时也记录了创作者本人灵感迸发时的心境。唱片专辑的封面设计凝聚了创作团队的心血，更是平面设计行业值得骄傲的艺术设计结晶。城市中随处可见的生活细节往往容易被忽视，但仔细观察与发掘会发现其中蕴含了许多有趣的细节，如配色、纹理、创意涂鸦等。在社会经济飞速发展的今天，只要留心观察，生活中处处皆可发掘灵感。在寻找灵感来源素材时，可以从以下七个领域进行。

1. 艺术领域

在艺术领域寻找灵感素材是最为快速、高效的途径之一。由于艺术领域本身所涵盖的门类非常多，这些优秀作品经过岁月的积淀后也更加深受世人的喜爱，其背后所延伸出的设计灵感也更容易获得大众青睐。例如，绘画艺术流派方面的文艺复兴风格、印象主义、立体主义、野兽派、抽象主义等（图4–5）。

2. 设计领域

近现代设计领域所涵盖的门类非常丰富，如工业设计、建筑、珠宝、包装，甚至植物造景等。这些设计在色彩、造型、图案等方面能够给予设计师很多启发，也是设计师寻找灵感来源的重要源泉之一。例如德意志制造同盟、现代主义新建筑、包豪斯学院对设计师的培养和教育，以及其倡导的在艺术、手工艺和工业之间形成合作关系的理念等（图4–6）。

3. 社会领域

社会领域主要包括民生、经济、政治等方面，从这一领域中汲取灵感通常会带有一定的社会影响力。一方面会被社会各界所关注与理解；另一方面则意味着当设计师使用这类领域的题材做设计主题时，通常不需要过多地解释，大众就会很快理解并达成共识。看似与时尚无关的事件，也会在一定程度上影响潮流的风向。近年来涌现了一批热门的社会现象及话题，如新时代职场独立女性的蜕变、全球气候变暖、家国情怀等（图4–7）。

图4-5　艺术领域素材

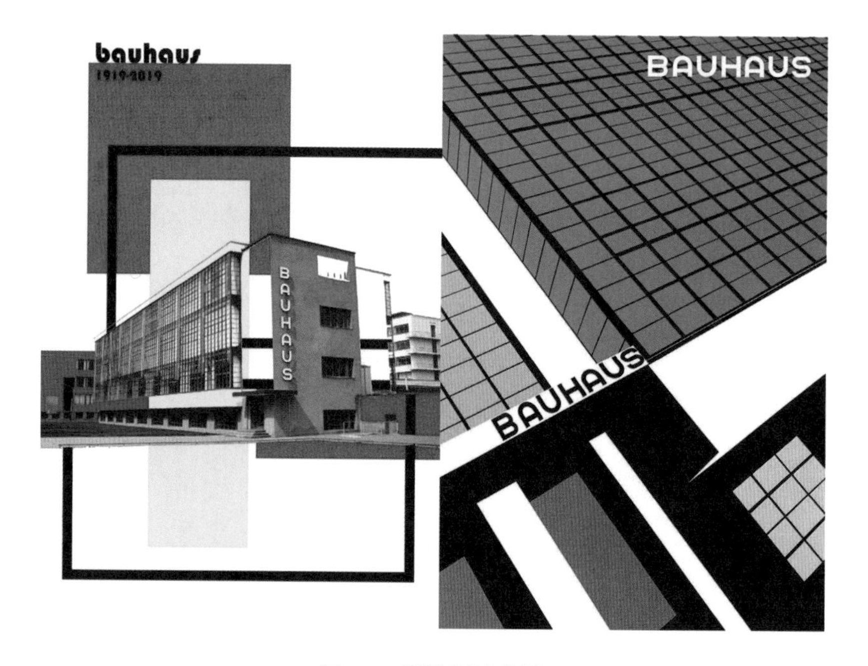

图4-6　设计领域素材

4. *历史文化领域*

世界历史文化演变形成一个庞大且丰富的数据库。当设计师觉得灵感枯竭时，通过翻阅历史文献资料便能够获得新的灵感素材。丰厚的人文与考古史料将各个领域的精华展现在世人面前，不但能够帮助设计师以史实启发创意，而且能够带来全新的设计理念。例如，我国博大精深的汉服文化、摇曳生姿的旗袍文化、中国古典文学巨作、古代四大发明等（图4-8）。

图4–7　北京冬季奥运会素材

图4–8　历史文化领域素材

5. 民俗风情领域

在不同的民俗领域中寻找灵感素材也是设计师较常使用的方法之一。当来自不同地域的民俗元素交汇体现在服装上时，常常会带给人耳目一新的视觉体验。我国不同地区的各民族中就有着许多类别的民俗风情，例如，苏州地区轧神仙习俗、彝族泼水迎亲、腊八节喝粥的习俗等（图4–9）。

图4–9　民俗风情领域素材

6. 生活细节领域

作为一名优秀的设计师，首先要具备一双善于发现生活美的眼睛。这种敏锐的洞察力能够帮助设计师从平淡的生活中发现新鲜事物，由此产生悸动并获得灵感。例如，云朵的形状、林荫小道旁的青苔、废弃的彩电、超市里五彩缤纷的糖果等（图4-10）。

图4-10 生活细节领域素材

7. 潮流风向领域

一类是权威组织机构发布相关流行趋势，消费者被动接受；另一类是设计师依据年轻人的兴趣爱好及审美习惯来发布最新流行概念。潮流风向领域所指的不仅只是时尚，它还包括了音乐、电子产品、新媒体技术研发、明星网红、生活方式等，这些都要求设计师要随时随地关注各行各业的最新动态。例如，近些年较为流行的洛丽塔服饰风格（图4-11）、JK制服风等。

图4-11 潮流风向领域素材

（二）筛选素材

在前期充分调研、寻找灵感后，设计师会获得各种繁杂的信息及素材。这时为了能够逐步形成精准、明确的主题概念，需要设计师对现有素材进行有效筛选、分析与整合，并最终创作出具有明确指向性的主题灵感板，后期的设计也将围绕这一核心来进行创作。由于在调研过程中会收集到大量冗杂的素材及信息，如潮流趋势图片、服装款式秀场图片、情绪氛围图片、文字素材等，但主题灵感板中所需要的仅是一些极具代表性的灵感图片、具有强烈氛围感的色彩基调、具有主题设计的风格服装款式等，因此，设计师需要通过一定梳理，将以上素材精准筛选出来并以灵感板的方式呈现。POP潮流趋势网、WGSN等成熟的流行趋势机构每季度都会发布相关流行主题灵感板，它们在筛选素材方面拥有的丰富经验值得设计师参考与借鉴（图4–12）。在筛选过程中，主要注意以下六个方面。

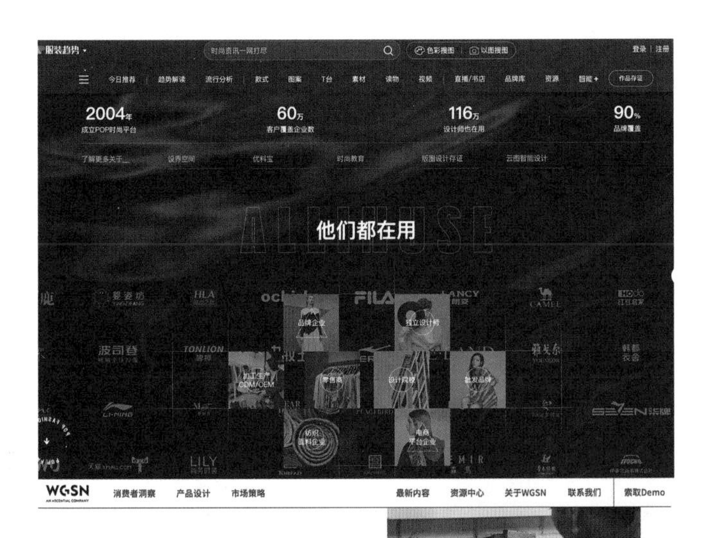

图4–12　POP、WGSN潮流趋势网

1. 排除冗杂信息

排除冗杂信息是筛选素材的第一步。设计师要根据不同的设计概念进行有效删减，不可犹豫不决。最初的主题雏形往往是抽象的概念或是一张简洁的图片、一句诗词等，设计师可依托这些碎片化灵感为创作依据，通过进一步地提炼转化为设计素材。

2. 确定主题名称

一个富有吸引力的主题名称是设计作品外在竞争的关键要素，不仅可以吸引观者去关注服装，而且能够引导其更为深刻地理解相关设计概念。在主题灵感板中，主题名称往往会被设计师放在较为醒目的位置，也是观者第一时间能够注意到的部分。在排版时应当注意尽量使用简洁明了、通俗易懂、概念清晰的标题。过于繁杂的文字可能会弄巧成拙，使整个主题灵感板过于晦涩难懂，出现概念模糊的效果。

3. **统一主题风格**

在创建主题灵感板之前，设计师的脑海中要形成初步的设计风格，过于杂乱的风格元素会使主题概念偏移，只有精简才能锐化主题。例如，一个服装系列作品一般不低于五套，如果每套服装使用不同的元素，那么最终呈现的效果会过于杂乱无章，没有系列感。因此为了强调主题性与系列感的和谐统一，设计师要将多种元素重复组合，并以不同形式运用于服装之上。这样巧妙的变化与重复能够再次强调主题风格，从而使消费者更好地理解设计理念。

统一的主题风格包括相同的艺术概念、叙事诉求等，同时还要避免错误的主题设定。因此，要想获得统一的风格，首先在筛选素材时就要准确分析每张图片所代表的直观艺术概念是什么，以及它所蕴含的意图。为了保证统一的叙事诉求，每一种灵感素材也必须带有明确的指向性，设计师将这些图示语言统一整合后才能向消费者阐述清晰的设计概念，并以此获得更多的关注。例如，20世纪60年代舞池的旋转灯球与迪斯科风格（图4-13）、猫头鹰造型与自然主义的仿生风格（图4-14）、艺术插画与童真风格（图4-15）等。

图4-13　迪斯科风格

图4-14　自然仿生风格

图4-15　童真风格

4. 衡量消费者的接受度

消费者的喜好永远是设计师关注的焦点。前期的主题设定直接决定了后期服装款式设计的概念倾向，如果前期的设计主题使消费者难以接受，那么后期的服装款式也极有可能不受好评。设计师是潮流风向的缔造者，也是流行趋势的追随者，在时尚产业链中扮演着重要的角色。对于服装品牌或企业而言，流行性与感染力是其立足于服装市场中不可或缺的重要特质。为了确保消费者对服装主题风格的接受度，设计师在寻找灵感的过程中应当避免使用负面主题概念。

5. 鲜明的视觉特征

鲜明的视觉特征是吸引观者最有效的方式之一，如色彩丰富且对比强烈的海报、创意且简洁的LOGO等。过于烦琐的文字信息及模糊的主题概念会使观者陷入迷茫，降低关注度。在整合灵感素材时，要观察所选取素材的色彩基调是否一致，能否达到和谐统一的视觉效果。例如，将素材中的某一张图片放大时，其色彩就成了整个灵感板的主题色系。此外，还要考虑这些素材的内容形式能否直观地表达设计主题，以达到良好的设计效果。在服装设计中，最为吸引眼球的第一要素就是色彩，个性化的配色方案可以使服装获得广泛的关注。在服装款式系列设计中要注意把握色彩的主次结构，通常一个系列中会分别使用主打色、搭配色、点缀色进行协调。其中，主打色在使用面积中占据主导地位，辅助色面积则不宜超过主打色，点缀色则以衬托为主，起到画龙点睛的作用。

6. 图像与联想分析

与文字相比，图像是向观众传达信息的最佳选择，但是适当的文字描述能够更为精准地阐释图像概念并使观者产生联想分析。因此在绘制主题灵感板中，适当地为图像添加一些分析性文字注释，能够让观者更好地理解并加深印象。例如，当人们走在街上时会被一些新奇的事物吸引而驻足，并试图分析出其背后的原因。读图时代下语言已逐渐被精简化，设计师通过权衡图片的类型来呈现设计主题灵感要素，这也是重要的表现手法之一。在筛选图片时设计师需要选择多样化的图片类型，当主题灵感板中的图片都是历史风格时，则会显得过于呆板、单调。若是将历史风格图片、手绘资料、街拍等多样化的图片整合在一起，则会显得丰富多样。

二、创建灵感板

当设计师完成信息筛选与分析工作之后，就可以着手进行灵感板的设计了。创建灵感板需要服装设计师拥有丰富的经验，如熟练应用艺术设计基本要素，掌握大量的设计素材等。

（一）确定版面尺寸

特殊比例尺寸的灵感板可以为设计师赢得较多的关注度。通常来讲，横版A3、A4规格的尺寸是较为常用的。因此，在进行版面尺寸设定时，尽量选择一些常规且易于装订的尺寸，以免影响作品集的呈现效果。

（二）制作风格灵感板与潮流应用板

为了准确表现灵感板的主旨，保证灵感板信息的完整度，设计师可以在初期将主题灵感板分为两个板块来制作。第一部分是以色彩为主的风格灵感板，其中需要注意色彩基调的统一与协调（图4–16）。第二部分是以面料、款式、流行要素为主的潮流应用板（图4–17）。这一部分要注意结合主题灵感，选取当下较为流行的设计元素，通过一定的组合排版呈现全新风貌。

图4–16　风格灵感板（作者：王涤君）

图4–17　潮流应用板（作者：董宜铃）

（三）主题与分析文字设定

为使灵感板达到美观的排版效果，除了设计主题名称、灵感图片之外，设计师应当融入一些具有分析性、引导性的文字。通过一定逻辑梳理向观者阐释设计主题、灵感来源以及创新点，注意文字内容不要过于烦琐，尽量以清晰、精简为主（图4-18）。

图4-18 主题灵感板（作者：董宜铃）

（四）色彩与面料提取

设计师需从前期的主题灵感板素材中选取主打色，运用一定的排列规律呈现不同效果的配色方案，然后根据相关配色方案确定最终运用于服装上的配色方案（图4-19）。在选取服装面料时至少应包括两种：一种是与主题风格、色彩相贴合的主打面料，另一种则是作为衬托与搭配的常用面料。

（五）运用有层次的灵感图片

在筛选灵感素材时，切勿将原始素材直接运用于灵感板中。应当根据设计主题的色彩、风格等要素选择出具有代表性的图片，并通过放大、缩小、裁剪、添加外框、调整透明度等手法进行渲染，以免造成冗杂、主次不分、信息过多的反面效果。

（六）设计美观的页面

美观的页面设计始终要遵循以下两个原则：第一原则为疏密有致的留白式排版。一个美观的页面设计需要适当地留白，表现透气感。第二原则为密集紧凑的集中式排版。通过遵循传统的构图方式使页面结构形成清晰、稳定的视觉效果。例如，居中式（图4-20）、射线式等构图形式（图4-21）。

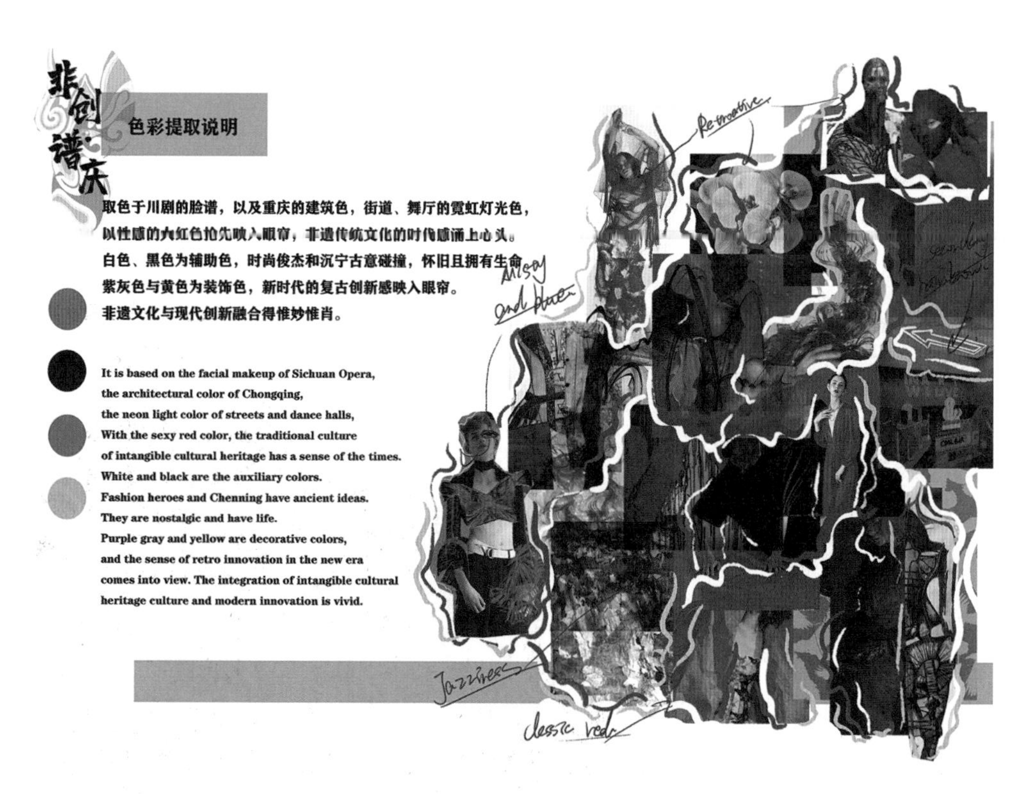

图4-19　色彩灵感板（作者：董宜铃）

图4-20　居中式构图（作者：陈文静）

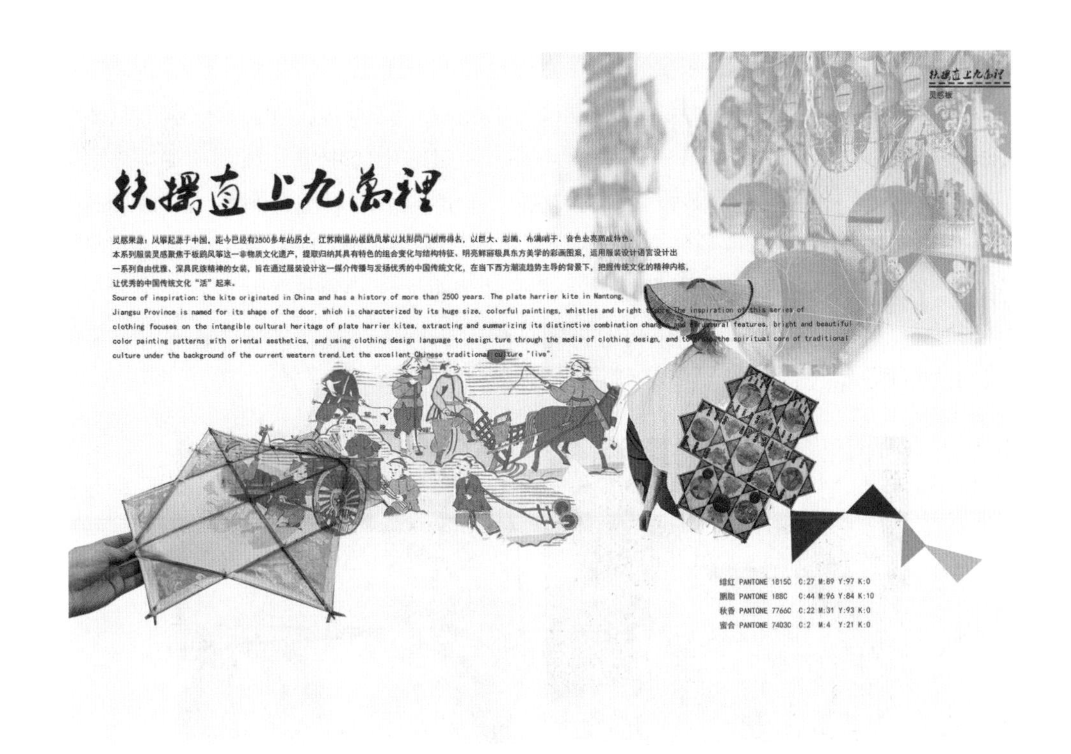

图4-21　射线式构图（作者：姚庆）

三、服装款式潮流分析

在经过广泛调研、素材收集与主题设定阶段后，设计师开始逐步针对服装款式潮流进行相关信息采集，其中主要包括服装的外部廓形、内部结构、色彩、面料、配饰、模特妆容、发型等。

（一）廓形分析

1. 借鉴与提取经典廓形

近现代以来，服装外部廓形的变化是服装流行变迁的重要现象之一。例如20世纪20年代的H形裙装造型、20世纪40年代的迪奥“新风貌”造型、20世纪60年代的太空风格超短裙造型等，这些款式廓形已成为时代潮流的风向标。时至今日，一种廓形已不再像过去那样可以统领整个年代，各种各样的廓形样式共同形成了如今丰富的时装市场。现代设计经过多年的积累几乎有上百种潮流廓形可供借鉴，例如A形、Y形、H形等传统字母廓形，双菱形、双C形、茧形等变化造型。每年的时装潮流都在变化，很可能去年上镜率颇高的廓形，在今年的发布会上却完全消失了。因此，找准当下的潮流廓形，是设计创作寻找灵感的有效方法之一。

2. 发掘与灵活运用新廓形

发掘与灵活运用新廓形有两种方法。一是改变应用部位。借鉴廓形并不一定要原封不动，也可以改变其应用部位。例如，原本用在袖子上的灯笼造型、羊腿造型等，也可以运用在裤装中。二是改变工艺手法。廓形的实现往往需要依靠打褶、衬垫、支撑或者裁剪收紧。

同样的廓形如果换一种工艺手法来实现，就会产生新的视觉效果。如今，尽管已有许多经典的廓形值得借鉴，但是发掘新廓形的道路是永无止境的。就廓形设计而言，设计师最大的魅力在于能够从生活中最普通的事物中获得新鲜灵感，如运用仿生设计法则所呈现的"建筑廓形"等。例如，三宅一生在其服装设计作品中探索了光与影的对比（图4-22），再现了西班牙马德里Caixa画廊楼梯的银色质感、明亮光泽及简洁利落的廓形。为了展现出与建筑师扎哈·哈迪德（Zaha Hadid）一样流畅的线条，设计师米歇尔·史密斯（Michelle Smith）通过采用一种较厚的棉质面料进行设计，并利用它极易塑形的特性在服装廓形中设计出了一种性感而富有张力的新样式（图4-23）。

图4-22　三宅一生服装设计作品

图4-23　建筑风格服装设计作品

（二）细节分析

1. 款式细节

服装细节主要包括款式细节、工艺细节、图案细节三个部分，它们是服装款式设计中不可缺少的重要元素。在设计之初，一个富有吸引力的服装廓形会给人们留下深刻的视觉印象。同样，精美的细节表达也决定着服装整体的美观性与系列感。当设计师在进行调研分析时，可对服装素材的细节进行采集与借鉴，以一种新颖的，具有设计特色的方式重组在一起，如领口、袖口、门襟、肩缝、口袋、腰头、省道等部位。在男装款式设计中，款式细节的细微变化是贯穿于整个系列设计之中的，一般不会采取过于夸张、个性化的款式，而是更加注重细节方面的精致表达。设计师要学会根据不同风格搭配应用不同的款式细节，否则会使整个服装失去美感。

2. 面料工艺细节

工艺细节表达是指针对不同的面料特性应运而生的缝制方法，如制作普通服装的缝制针法、加固手法等。这些制作手法的表现方式较为隐蔽，不仅是制作工艺过程中不可缺少的功能性要素，而且也能为服装本身增添许多装饰效果。以牛仔面料为例，一般会在口袋处加以明线装饰、辅以金属贴片体现精致感，做旧、破洞也是牛仔面料中常见的一种工艺表现方法（图4-24），运用特殊的水洗工艺将牛仔面料进行变形处理，以达到理想的设计效果，还会选用具有个性化图案特色的内衬，使服装的内与外更具趣味性与神秘感。

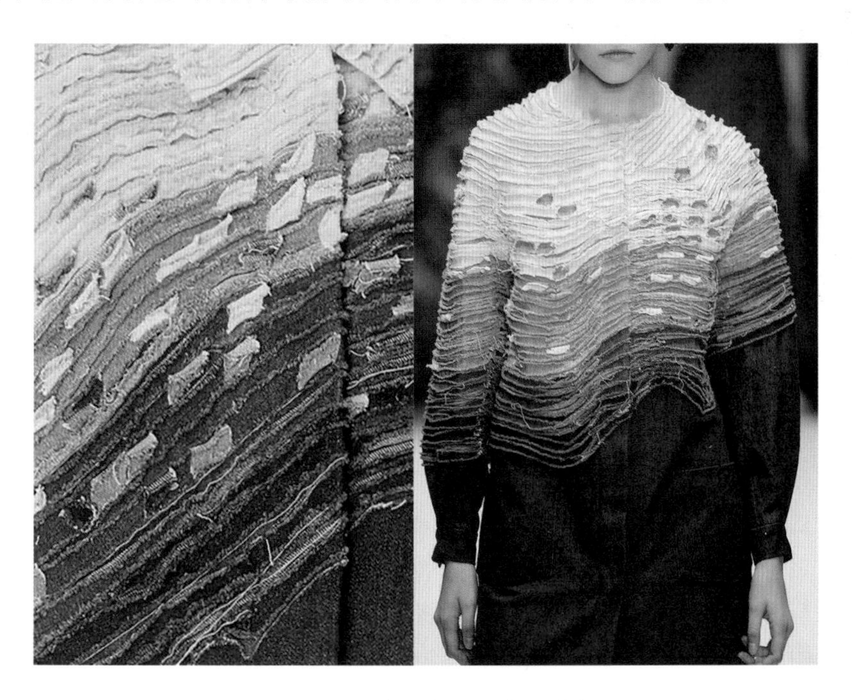

图4-24　牛仔面料工艺表现形式

3. 图案细节

相较于服装与面料工艺细节，图案细节的表现则更加鲜明。对于大多数设计师来说，千篇一律的图案素材太过普通且缺乏个性，而自己设计绘制的图案会显得更加别具匠心。图案细节主要有两种表现方式，一是印染整匹面料，再根据款式图稿进行裁剪与制作；二是先将设计图稿的衣片分别裁剪下来，再根据裁片的具体形状设计图案。在图案细节设计中设计师可尽情发挥想象力与创造力，例如，运用波普艺术元素设计图案（图4–25）以手绘水墨图案的形式表现东方意蕴，具有视错形式美的条纹图案、创意扎染图案等。

图4–25　波普艺术元素服装设计作品

4. 细节应用

在大量收集素材及款式细节设计信息时，设计师要善于细心观察与独立思考。例如，当一些相似的款式细节被应用于不同的部位时，其呈现的视觉效果有着一定的差别。如数码印花图案的放大、缩小、散布、点缀等，男式裤装的收窄、打褶、翻边等工艺细节的表达等，这些细节应用都需要设计师时刻留心观察与不断尝试。

（三）色彩分析

1. 从秀场中获取当季流行色

色彩是能够引起人们审美愉悦的形式要素，直接影响着人们的情绪变化，具有超强表现力。丰富多样的色彩可以分成无彩色系和有彩色系，有彩色系的颜色具有三个基本特性，即色相、纯度（也称彩度、饱和度）、明度。与社会上流行的事物一样，流行色则是一种社会心理产物，它是某个时期人们对某几种色彩产生共同美感的心理反应。所谓流行色，就是指某个时期内人们的共同爱好，带有一定倾向性色彩。设计师会本能地选用自己喜爱且擅长的色彩搭配进行设计，尽管能够直观、快速的展现个人设计风格，但若长时间运用此方法则会导致系列作品色彩过于单一，缺乏表现力。因此应适当采用一些新鲜的色彩能够使作品显得更加生动且富有变化。例如，从每一季的秀场中获取流行色灵感是最为高效、便捷的方法。许多国际顶尖服装品牌在当季新品发布时通常会不约而同地选择一些相同的色彩作为当季主打色，其自身强大的品牌影响力也会促使这些主打色成为当季流行色。例如，2022年秋冬流行色——“淡奶油”（图4–26），源于自然的原始色调是最适宜秋冬应用的色彩。材质灵感源于天然矿物粉质，天然的棉麻、柔软的雪纺，可使面料凸显内敛含蓄的高级质感，突出肌理感，一般适用于皮革、精纺面料、呢绒等材质面料，适合毛衫、皮衣、长款大衣等单品应用。

图4–26　2022年秋冬流行色——“淡奶油”

2. *色彩搭配带来的灵感*

日常生活中处处皆可发掘色彩灵感，它们不同于时装周中的密集型色彩表现，而是更加贴合自然本身，具有亲切、和谐的美感。设计师会运用某两三种色彩进行组合搭配，避免过于单一化的色彩表现。一位经验丰富的设计师往往会通过尝试多种色彩方案来完善设计作品，而非简单地凭空想象。有效采集色彩搭配信息是找寻灵感的重要途径，主要包含两个方面。第一，选择合适的灵感图片。一张富有表现力的灵感图片一定具有丰富的色彩变化，但过多提取色彩并应用于服装上则会显得过于凌乱。因此，只需从灵感图片中提取3~5种主打色即可。第二，恰当选择色彩比例。灵感图片所带给设计师的并非只是色彩搭配组合形式，同时还包含了每一色块的组合比例、用量、深浅变化等，同样的色彩采用不同的比例搭配，所产生的效果也会大不相同。

（四）面料分析

1. 适用于春夏季节的常用面料

学院派的款式设计注重艺术性与创意性的表达，而商业中的款式设计则是注重市场接纳度、盈利性等。为了将设计图稿有效转化为成衣，设计师需要对服装面料进行广泛且深入的调研，如参加国内外面料博览会、服装厂商订货会等，第一时间获悉流行面料资讯，在具体调研实践中选定合适的面料。春季万物复苏、温暖和煦，这一时期适合选用轻薄、柔软的面料，如针织、牛仔、帆布、丝光斜纹棉布、华夫格织物、细平布、丝毛混纺织物、亚麻布、提花面料、薄绒布等。作为这一季节的主打品类，针织物占据了流行市场的主导地位，微小规格针距结构织物是许多设计师的首选。夏季艳阳高照、较为闷热，适合选用透气、吸汗的凉爽面料，如优雅、光滑的真丝面料，具有吸湿性强、冰凉亲肤、华丽而有光泽的优点。亚麻也是夏季服装中常用的一种面料，近年来返璞归真的文艺风格悄然盛行，亚麻面料的热度随之升高，它取自天然植物的皮层纤维，看起来比较粗糙，实则透气耐用。

2. 适用于秋冬季节的常用面料

秋冬季节的轻薄型服装一般会采用与春夏季节相似的服装面料，如西装呢、帆布、牛仔、斜纹布、棉府绸。但是，超轻薄的纱类面料会明显减少，取而代之的则是保暖性更强的厚重型面料，如皮革、灯芯绒、粗花呢、驼绒、羊毛毡、齐贝林长绒呢、羊羔毛等。灯芯绒作为秋冬季节的主打面料之一，具有复古美学的时尚特征。设计师在面料工艺细节处理时会通过创新割绒技术、错位手法等进行肌理变化，叠加丰富的印花图案，为织物表面的肌理效果注入创新美学。运用明快鲜亮的皮革面料搭配微颗粒的反射光感，营造出奢华且轻盈的时尚效果，并使用特殊的工艺处理手法，使得皮革面料更具柔韧质感，适用于打造男女装衬衫、连衣裙、夹克、外套、裤装等单品。

3. 针织类常用面料

针织面料是由线圈相互穿套连接而成的一种织物。针织面料具有较好的弹性，吸湿透气，舒适保暖，是童装中使用最为广泛的面料。原料主要是棉、麻、丝、毛等天然纤维，也有锦纶、腈纶、涤纶等化学纤维。针织物组织变化丰富，品种繁多，外观别具特色。按照制作工艺通常可分为裁剪类针织物与成型类针织物。裁剪类针织面料是由针织圆机将纱线纺织成面料，再进行裁剪、制作，如无光针织布、毛绒平针织物、汗布、拉绒织物、强缩绒羊毛等。成型类针织面料是直接将纱线纺织成不同花型、款式的服装，如羊毛、马海毛、棉线、花式纱线等面料。一些新型面料技术实现了针织廓形更多的可能性，与各种材质混搭组合，使得针织物在服装市场上颇受消费者青睐。

4. 新型面料

近年来，随着新型高科技面料的不断研发，一些诸如提倡绿色环保的可降解面料、引入科技概念的新型面料等开始走进大众的日常生活。这些新型面料除了采用传统纤维，还会加入莱卡、锦纶等化学纤维，甚至加入竹炭、蛋白质线、金属丝、竹纤维等特殊材料。如阻燃面料、变色面料、抗静电面料、抗菌除臭面料、防紫外线面料等。在2022年北京冬季奥运会中，中国服装品牌安踏在制服上运用了两大自主研发的面料科技——炽热科技和防水透湿科技。炽热科技通过优质创新材料和严谨工艺实现在严寒环境中的超强保暖，有效防止人体热量流失。其中，立体结构保暖材料聚热棉具有光蓄热性能，热量流失阻隔效果提升约20%，能够瞬间升温，高效蓄热；远红外石墨烯材料的使用可显著提升远红外辐照升温。另外，制服中还采用了银离子抗菌技术，能有效防止细菌侵入；使用再生涤纶面料呼应绿色举办奥运会的理念。

5. **面料再造**

面料再造是指设计师根据实际需要对成品面料进行的二次工艺处理，使之产生新的艺术效果。经过二次设计的面料更能符合设计师心中的设计构想，这样不仅可以提高设计效率，同时还能为服装设计师带来更多的灵感和创作激情。面料再造是服装设计师思想的延伸，具有无可比拟的创新性。面料再造的方法主要有立体设计、增型设计、减型设计、勾编设计、拼贴设计、印染设计等。例如，运用折叠、编织、抽缩、皱褶、堆积、折裥等设计手法，形成凹与凸的肌理对比；在现有面料的基础上进行黏合、热压、车缝、补、挂、绣等工艺处理，从而形成立体、多层次的设计效果；按照设计构思对常规面料进行破坏，如镂空、烧花、烂花、抽丝、剪切、磨砂等，形成错落有致、亦实亦虚的艺术效果等。

（五）配饰分析

在一组服装设计作品中，是否有相协调且精美的配饰，在一定程度上决定了服装的整体美观性（图4-27）。在采集配饰信息的过程中主要有两种途径可供找寻灵感：一是专营配饰

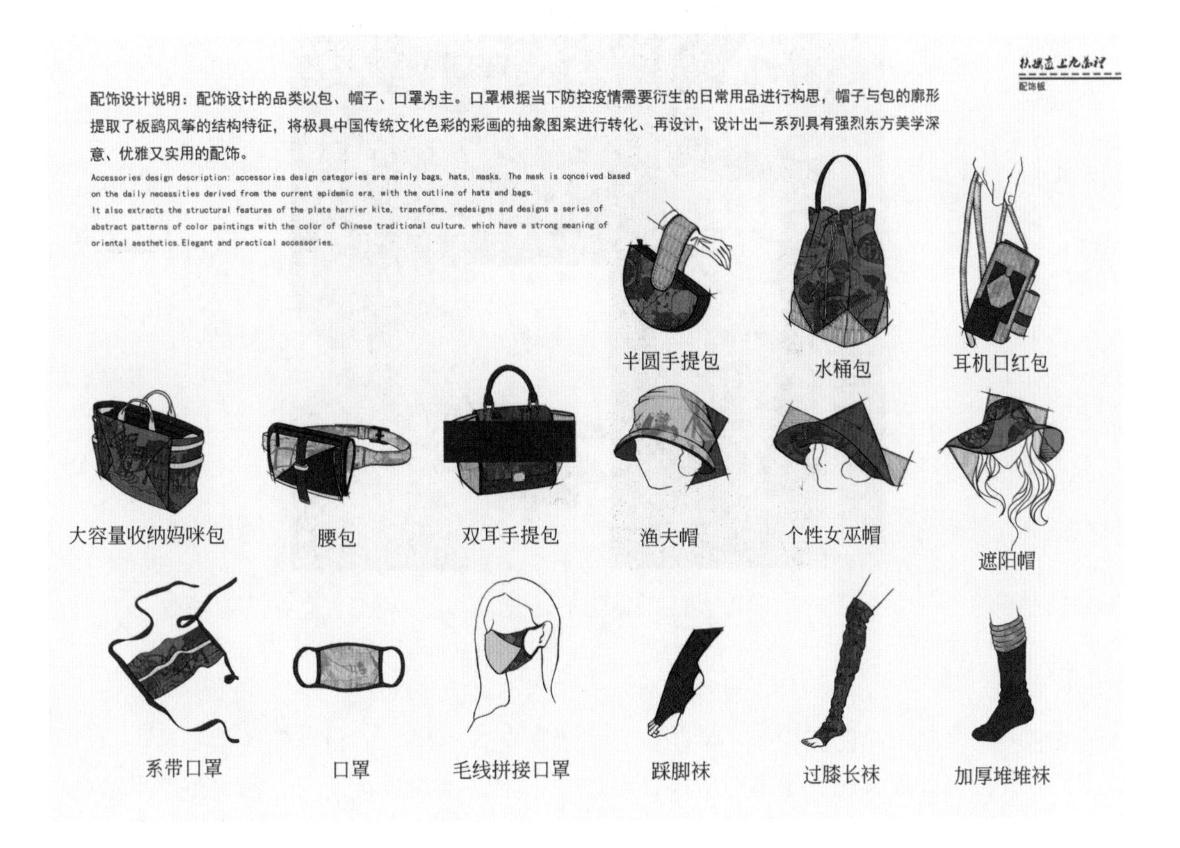

图4-27 服装设计作品相关配饰（作者：姚庆）

的品牌，如女帽品牌瑞秋·特莱福-摩根（Rachel Trevor-Morgan）、女鞋品牌克里斯提·鲁布托（Christian Louboutin）等，这些品牌往往拥有一些独特的工艺手法和设计特色；二是可以在每年的时装周流行趋势中获取相关信息，一些服装品牌会在发布每一季新品时搭配推出具有点睛之笔的时尚配饰。对于初学者而言，在设计配饰之初首先要熟知配饰品类，如手套、箱包、鞋履、帽饰、丝巾等。固然设计师对配饰设计拥有无限的遐想空间，但是有针对性的设计才是成熟、优质的表现。应当根据服装款式的主题风格进行定位，配饰的设计风格要与服装风格相吻合，这样才能互相辉映。例如，在印第安服装风格中配以牛皮背包、皮革手环等饰品可彰显印第安游牧民族的粗犷风情；在波普服装风格中为配以设计造型夸张可爱的太阳镜、动物胸针、彩色连裤袜、短靴等也可凸显活泼、搞怪的服饰氛围感。

1. **手套**

手套是手部保暖或劳动保护用品，是一种具有较强装饰性与功能性的配饰（图4-28）。不同的材质和装饰手法能够展现出不同的风格，如丝绸、丝绒、蕾丝等质地的装饰性手套，功能性主导的皮革手套、针织手套等。

图4-28 不同风格类型的手套

2. **箱包**

箱包可按照使用功能应用于不同生活场景及服装风格中，如行李箱、假日沙滩包、手提袋、双肩背包、公文包、手拿包等（图4-29）。对于女装设计而言，箱包是不可或缺的单品，可为整体造型增添许多亮点。男士箱包的品类虽不如女士箱包繁多，但其设计空间较大，在面料、工艺、廓形、风格等方面都可尽情发挥创造。

图4-29　不同风格类型的箱包

3. 鞋履

女士鞋履的设计手法丰富多样，主要包括鞋面的材质设计、鞋跟高度及造型设计、鞋身装饰设计、鞋底功能性设计等（图4-30）。男士鞋履的设计重点更侧重于材质变化、鞋帮与鞋头造型、鞋身裁剪结构等细节。如皮鞋、运动鞋、户外鞋、高跟鞋、旅游鞋、草鞋、布鞋、拖鞋、网球鞋、登山鞋、胶鞋、拖鞋、帆布鞋等。

4. 帽饰

作为经典的女性配饰之一，帽饰有着悠久的历史文化内涵与精湛的面料工艺技法。随着设计师们不断地创新与实践，帽饰已逐渐成为配饰设计中的核心单品（图4-31）。如帽檐的大小、材质、装饰手法等细节都有着无限的设计空间。与女式帽饰不同的是，男士帽饰至今依然

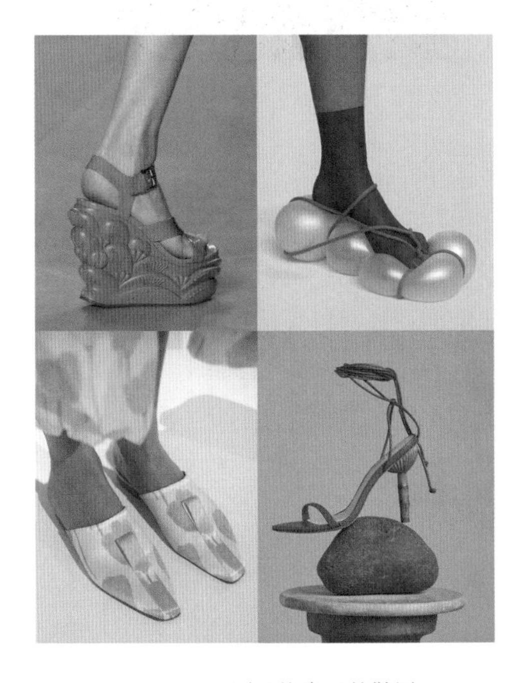

图4-30　不同风格类型的鞋履

图4-31　不同风格类型的帽饰

保持着传统样式，在款式上并未有太大变化，更多的是强调细节设计、面料及工艺，例如巴拿马草帽、高礼帽、圆礼帽等。此外，还有一些中性帽饰，如棒球帽、鸭舌帽、贝雷帽等。

5. **其他配饰**

主要包括头饰、肩饰、胸饰、腰饰、脚饰等，具体如发带、丝巾、眼镜、披肩、腰带、珠宝首饰、袜子、胸针等。例如，珠宝首饰是女性群体较为喜爱的配饰。相较于其他单品，这类配饰更为独立且多样，设计手法通常也更富于变化。墨镜、框架眼镜也是在配饰设计中较为常见的一种品类，设计师通常会考虑材质、色彩以及装饰手法的运用。作为绅士的象征，男性身着正装时所系的领带（或领结），佩戴的领夹或领针、袖扣或手表也已经成为现代绅士不可缺少的单品（图4-32）。

图4-32　不同风格类型的其他配饰

（六）人物整体造型分析

1. **人物发型及妆面造型**

人物造型也是服装款式设计中的重要环节之一。这一部分包含了妆容、发型等多项内容在内的人物整体造型设计，美观和谐的人物整体造型设计直接关系到服装作品所呈现出的情感变化与个性张力，能够更加深刻地诠释主题风格特色。因此，许多服装设计师会非常注重从头到脚的整体系列设计，每一处细节表现都十分精心、到位。在设计人物造型时，首先要确定色彩风格，如人物肤色与配饰色彩的关系、与妆容之间的关系等。在发型设计时要注意与头饰的协调感，通常过于夸张的发饰不利于整体风格的表达。在妆面造型方面，精致的底妆与考究的彩妆能够呈现出不同的设计风格，尤其是当彩妆的配色十分抢镜时，所搭配的服装风格也会相得益彰。

2. **服装为主，造型为辅**

在人物整体造型表现比例关系方面，服装应是整个画面的视觉重心，占比最大。而人物面部的妆发造型应适当减弱，可运用一些高级、简单的时髦元素，如干净利落的低马尾造型，束紧的发髻，或以眼、唇为重点的温柔裸妆等。

3. 人物造型强化服装

当设计师期望以夸张且戏剧化的故事情节来表现服装作品时，那么人物造型也需要运用一些个性化的设计手法。毕竟一个鲜活的人物形象通常会拥有很强的说服力，不仅能够增强服装的主题风格，而且能加深观者的印象。例如，一些先锋派服装设计师在新品发布时喜爱用夸张的发型、头饰、创意彩妆等，使模特的头部、手部等造型也融入服装整体造型设计中（图4-33）。

图4-33　人物造型强化服装

4. 创造和谐美观的人物造型

在时尚新媒体浪潮的影响下，大众对人物造型风格与服饰风格有着一些约定俗成的直观理解。例如，清新自然的人物造型时常被归到极简主义、小众文艺服饰风格中；暗黑、浓郁的烟熏造型常伴随朋克、摇滚等词汇出现；红唇、波浪卷发则表现出女性复古、性感的视觉形象等。因此，选择与服饰风格相符的人物造型更容易创造和谐美观的主题概念，从而使消费者形成认同感。

第三节　服装款式系列设计分析

服装款式系列设计是设计师迈向市场前的重要实战训练课程。当下，随着服装款式设计领域的不断更迭与完善，服装款式系列的基础定义也由最初简单的服装品类组合慢慢过渡成为一种包含设计风格、艺术创意、面料工艺、市场前景等诸多潜台词为一体的综合性名词。服装款式系列设计并不仅是设计师一人的舞台，它还是基于市场商业需求而成的系列服饰产品线，是将设计风格、市场导向、品牌愿景、顾客需求完美融于一体的创意体验。

一、季节系列设计分析

从季节设计的角度来分析，每一个季节都有不同的气候特征，它们一方面决定了大众着装的薄厚程度，另一方面也体现了服装的款式、色彩、图案、面料、工艺等流行细节及趋势。例如，春季一般会采用粉嫩色系及轻薄型的面料，使人联想到气温回暖的愉悦感。夏季人们则会更加倾向于选择明快、鲜艳的色调，并搭配具有海洋元素、森林元素的T恤、连衣裙等。秋季则是复古元素盛行的季节，色调通常会选用沉稳、低调的大地色系，在款式方面会选择薄呢外套、风衣、针织单品等。冬季服装则更倾向于皮草、羽绒、厚款粗棒针织面料等，体现功能型设计主旨。总而言之，季节系列设计会以大众需求为核心，随着季节、气候的变化而展现出不同的样貌。在具体运用过程中，要注意区分主次，如主打面料与主打色彩的比例关系等，学会灵活运用不同肌理与材质所表现出的不同效果，从而形成丰富的搭配层次。

（一）春夏季节

春夏季节一般指当年度的3～8月，因地域的不同时间会有所变化。春夏季节款式主要分为早春、春季、初夏、盛夏。其中，早春系列主要包括卫衣、风衣、轻薄毛衫、开衫、长裤、九分裤等。由于早春季节多变，诸如夹克、外套等防寒单品仍会出现。春季系列主要包括轻薄外套、衬衫、七分裤、伞裙、半裙等单品，夸张配饰在这一季节尤为亮眼，可为整体造型增添许多光彩。在初夏系列的款式品类中，仍会有部分春末的单品在售，主要热销款式大多集中在长裤、连衣裙、短裤、T恤等单品中。盛夏系列所包含的款式品类则更加简洁，如背心、热裤、短裙、T恤等，这些款式是应对高温环境的最佳选择。

（二）秋冬季节

秋冬季节一般指当年度的9月至次年的2月，因地域不同时间也会有所变化。秋冬季节款式主要分为早秋、秋季、早冬、冬季。色系多为沉稳、厚重的大地色系、果实色系、复古怀旧色系为主，各类磨毛或具有毛绒质感的厚重型面料、针织面料、填充面料等是这一季节的主力军。其中，早秋系列款式与早春系列款式较为相似，如西装、加绒卫衣、薄呢外套、夹克、棒球服、粗棒针织毛衫等品类都大受市场欢迎。早冬系列中的主要款式有厚重型大衣、棉服、人造皮草等单品。冬季系列中针对较冷的地域会推出皮毛一体式大衣、羽绒服、防寒服等，复杂气候地区则可选用多层搭配的系列单品一一应对。

二、递进式设计分析

递进式设计是指按照款式设计强度、创新程度分成的等级层次，一般可分为基本款、变化款、创意款三种。当设计主题一致时，不同层次的款式设计会应用不同元素进行搭配，从而呈现出由大众化简洁风格向个性化多变风格递进的趋势。目前，市场中所流行的服装款式通常与其时尚潮流程度成正比。在服装款式系列设计中，适当划分设计强度有助于满足消费者的不同需求。例如，在同一个系列主题中，青睐于潮流时尚的消费群体会选择一些具有设计亮点的创意款式，日常着装风格较为简洁、保守的消费群体则会更偏爱基本款。一方面，要满足多样化的客户需求，如抓准基本款的性价比优势、市场接纳度优势、变化款的潮流优势等；另一方面，满足多样化的设计表现，运用多种设计方法在不同设计强度之间任意变换，收放自如，展现系列设计的魅力。

（一）初级设计强度

初级设计强度主要由基本款进行组合搭配，这一层级的服装款式通常会受到广大消费者的欢迎。初级设计强度的服装款式大多以简洁、实用，质朴为主，它们是系列搭配中不可或缺的重要部分。基本款的设计要点主要集中在廓形、面料、图案、色彩、工艺细节等方面，风格上不会有明显的变化。

（二）中级设计强度

中级设计强度是在初级设计的基础之上衍生一些变化款式，一般会在款式廓形、内部结构、局部细节及面料再造方面进行变化。这一层级的服装款式有着较高的时尚潮流特征，是款式系列设计中占比最大的组成部分。变化款的设计要点主要是针对基本款的部分细节进行变化，同时搭配少许夸张的配饰，从而形成与众不同的穿着效果。

（三）高级设计强度

高级设计强度的服装款式是由创意款组合而成，这一层级的产品数量不会太多，但往往是引领潮流的代表性款式，时尚度最高。为了能够准确诠释当季服装风格的主题特色，通常会将其放置在橱窗中或是秀场中展示。作为系列设计的主打部分，设计师可在这一设计强度中充分发挥其创意表现力。例如，运用印染工艺、特殊面料、个性化结构等新型设计手法体现服装款式的变化，但也要注意不可盲目堆砌，可适当保留一到两个富有特色的设计亮点。

三、多样化单品组合分析

（一）经典的款式构成

在多样化的服装品类组合中，经典款式是展现系列设计的核心部分。如今的服装市场中，千变万化的服装款式令消费者眼花缭乱、目不暇接。对于一个成熟的系列设计而言，并不是要将所有的流行款式都涵盖其中，应适当选择一些经典款式作为主打款，否则过多的款式品类会使消费者陷入选择困境，降低购买欲望。西装、夹克、风衣是经典外套中的必备款式（图4-34）。作为春、秋、冬三个季节的热门款式，既满足了消费者基本的功能性着装需求，又为设计师提供了广阔的设计变化空间。T恤、针织衫、衬衫、卫衣、裙装、裤装等是系列设计中最常出现的品类，不同的款式、色彩、图案、面料、工艺装饰等变化可展现出不同的服装风格。例如，当某一女装品牌进行系列新品设计时，要做好设计准备，根据实际情况选取某几类裙装或裤装款式作为新品主打，如波浪裙、蛋糕裙、鱼尾裙、连体裤、牛仔裤、萝卜裤等。同时要注意与上装的和谐搭配，能够灵活地与西装、衬衫、针织衫等搭配，并形成不同的风格。

（二）丰富的细节变化

成熟的细节变化是体现设计师驾驭能力的重要评价标准之一。如在上装设计中，设计要点是领口、袖口、门襟的细节表现。针对这些部位稍加变化，通过修改造型角度、面料材质，或增加绲边、装饰明线等都能显示出设计的巧妙（图4-35）。在裤装设计中，设计要点是腰头与裤脚的细节表现。裙装设计的要点则是廓形，由于裙装廓形变化十分丰富，一般可通过剪裁结构变化展现出丰富多样的款式。针织服装款式的设计要点主要是花型的应用，如对纱线的选择，经纬编织针法、钩针技术等。

图4-34 经典外套款式

图4-35 服装细节设计变化

（三）成功的款式系列

打造成功的款式系列最为重要的因素主要有两个：一是丰富的可替换产品，二是灵活的可搭配性。所谓可替换产品是指风格不同的单品种类，如文艺清新的衬衫裙、活泼可爱的娃娃领连衣裙、优雅简洁的V领连衣裙等，这些可替换产品丰富了款式系列的层次。此外，款式之间的灵活搭配也是关键要素，如同一系列的西装、大衣、夹克、裤装、裙装等单品，即使是随意搭配也能展现出协调的视觉效果。

第四节 服装款式设计草图绘制

设计师在历经市场定位与消费者调研、素材收集与灵感板创建、服装款式潮流及系列设计分析之后，这时已明确了设计方向，即可进入服装款式设计草图绘制阶段。在这一阶段中，设计师首先要创建人体模板，为接下来的绘制工作提供针对性服务；其次，为设计任务创建构图模式，丰富画面效果；最后，根据主题绘制款式草稿，不断完善细节。这样清晰明了的步骤能够使初学者设计绘制出具有生动细节的效果图，避免人物动态与构图风格过于单一、生硬。

一、创建人体模板

画家进行人体写生时需要人体模特作为参照对象，服装设计师进行绘制时同样也需要人体模板作为辅助。通过收集、借鉴真实的模特动态来了解它们所适合的服装款式，从而呈现出准确且生动的系列构图。在绘制的初期阶段，设计师需要大量借鉴人体动态图片，但当绘制技法越来越熟练时，便可从中选用一些常用的人体动态来展现个人设计风格。

（一）动态借鉴

在创建人体模板时，第一步是筛选出合适的图片。通常情况下，大多数设计师会选择正面、直立的人体模板，这类模板是最为基础且易于绘制服装款式图的，如真人风格模板（图4-36）、手绘风格模板（图4-37）、漫画风格模板等。像侧面、背面等动态造型对初学者而言过于复杂、较难准确把握，因此要避免选择体态扭动幅度较大、穿着服装过于臃肿的人体。第二步，将所选的人体模板进行适当处理，如出现人体头身比例不协调、左右不对称、分辨率较低等情况，可以运用Photoshop等软件适当变形。第三步，可用计算机绘图软件、手绘板等辅助工具勾勒出人体基本轮廓、分别绘制五官、发型、躯干中心线、胸围线、腰围线、省道线等重要辅助线，从而创建出一个新的人体模板。

（二）素材积累

大量收集、积累人体素材是设计师在初学阶段的有效捷径。由于设计师在绘制效果图阶段会重复使用一些较为熟悉的、经典的人体模板，这样既能节约时间成本，又能快速提升绘制技法，但不足之处是稍显单调，缺乏新鲜感。因此，设计师可以在熟练掌握绘制流程与技法后，注意平时素材的积累与筛选，不断地循序渐进。如同一套服装中，运用不同形式的人体模板所产生的视觉效果会大有不同。

图4-36　真人风格模板

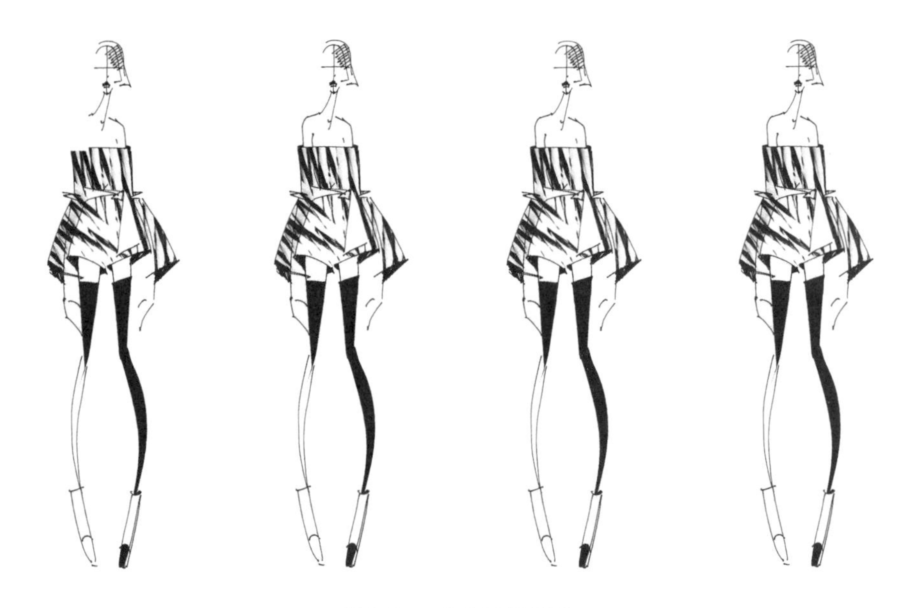

图4-37　手绘风格模板

（三）灵活运用

服装效果图不同于人物时尚插画，前者更加注重表现服装的具体细节、人体模板风格与服装风格的整体协调性，生动的体态会为服装增添许多魅力；后者则更多的是表现人物本身的艺术性。灵活运用不同的人体动态来表现不同设计重点的服装是考验设计师运筹帷幄能力的关键。例如，想要强调服装正面款式造型，可以选用正面站姿的人体；若是着重表现蝙蝠袖款式，则可以选择张开手臂的人体站姿；若服装款式设计重点在后背，那么选用直立背面站姿或侧后方站姿能更加准确地展示服装款式结构与细节。此外，设计师还可以根据服装款式风格的具体需求调整细微动态，如发型、妆容、表情等。

二、创建人物构图模板

服装款式系列设计中的人物构图模板是指将服装人体模板、款式风格、设计主题、视觉空间等要素一一相融，重点是选择恰当的人物动态表现服装的特征，从而形成和谐、美观的人物构图模板。

（一）简洁动态构图

简洁动态构图是由若干个人物以同一种姿态排列而成，这类构图风格会选用相同或较为相似的发型、妆容，通常适合表现系列感较强的服装款式（图4–38）。

图4–38　简洁动态构图（作者：董宜铃）

（二）协调动态构图

协调动态构图是由若干个人物以略微变化的姿态组合而成，这类构图风格也会选用相同或相近的发型、妆容，人物之间会有些许姿态变化，画面显得较为生动。协调动态构图是由若干个人物以略微变化的姿态组合而成。这类构图也会选用相同或相近的发型、妆容，人物之间会有些许姿态变化，画面显得较为生动，是一种较为灵活多变的构图形式（图4–39）。

（三）情景式构图

情景式构图与时装插画有许多共同之处，如都带有一些情景式氛围烘托，在纸张大小、人物比例及组合方式上比较灵活。可以是单一化的情景式构图，也可以是多样化的情景式构图，人物的动态变化范围也较大，如站姿、坐姿等均可作为参考（图4–40）。

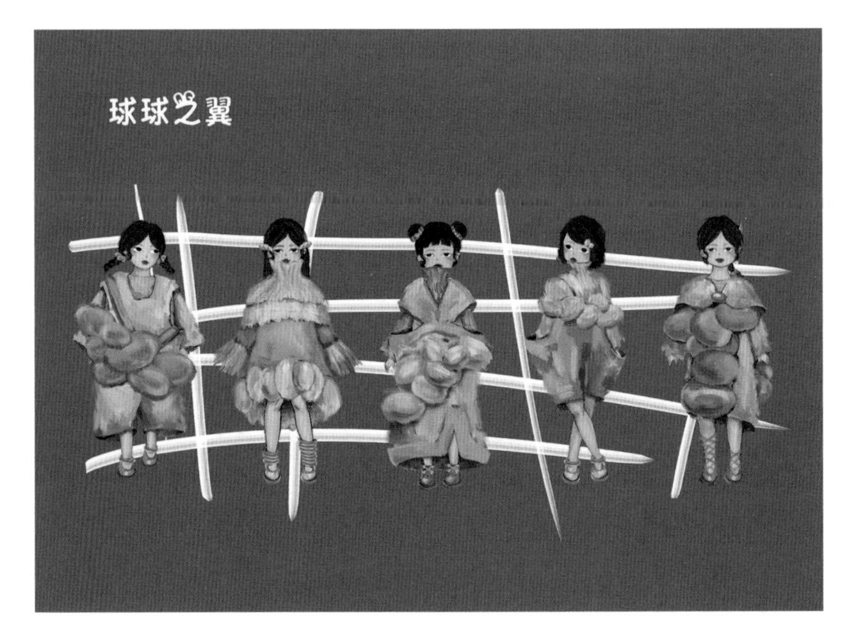

图4-39　协调动态构图（作者：费诗悦）

图4-40　情景式构图（作者：陶馨怡）

三、根据主题绘制款式草稿

创建完成人体模板、确定构图形式之后，就进入了绘制款式草稿阶段。款式草稿无须过于精致，其重点在于要进行头脑风暴式的密集型创作。此时，设计师应根据前期完成的灵感板、筛选出的设计素材等快速绘制出各种款式，确定色彩、图案等局部细节，这一过程等同于款式创意速写。

（一）确定应用元素

主题灵感板的核心是将筛选后的概念图片以不同序列、效果等形式陈列出来，而设计草稿则是从灵感板中提炼相关设计元素，并应用于服装款式创作中。这些被提炼出来的设计元素分别可以应用在款式、色彩、图案、配饰等细节中。例如，当设计师从灵感板中提炼出三种色彩后，可通过比例分配将其应用于款式设计中，体现出主次分明的色彩印象。再如，当灵感板是以童真趣味风格为主题时，可从中提取一些卡通形象、涂鸦等元素来延续这一设计概念，还可以选择一些经典的童装款式来诠释主题，如泡泡袖、背带裤、连衣裙等。

（二）创作草稿

在绘制创作草稿的过程中，要学会灵活运用前期所积累的设计经验，全面发挥主题灵感板的作用。从初学者的角度出发，绘制草稿可分为三个步骤。第一步是在绘制时适当借鉴款式素材，汲取一些流行要素。这不仅能够使设计的款式更加贴合市场，符合流行趋势，而且能够帮助设计师积累更多的设计经验。特别是对于初学者而言，在最初的设计阶段脑海中的款式素材相对匮乏，缺乏设计创意，这时如果能够在借鉴学习的过程中不断提升与修炼，那么将很快实现自我蜕变，获得丰富的设计经验。但要注意的是，借鉴并非抄袭，两者的区别在于借鉴是为自己的设计创作提供灵感，抄袭则是粗暴地硬性照搬。第二步是大量绘制创意速写，不断拓展设计思维。第三步是筛选草稿，不断修正，确定出最终款式。这一步骤中要将现有主题灵感中的元素发挥到极致，由量变产生质变（图4–41）。

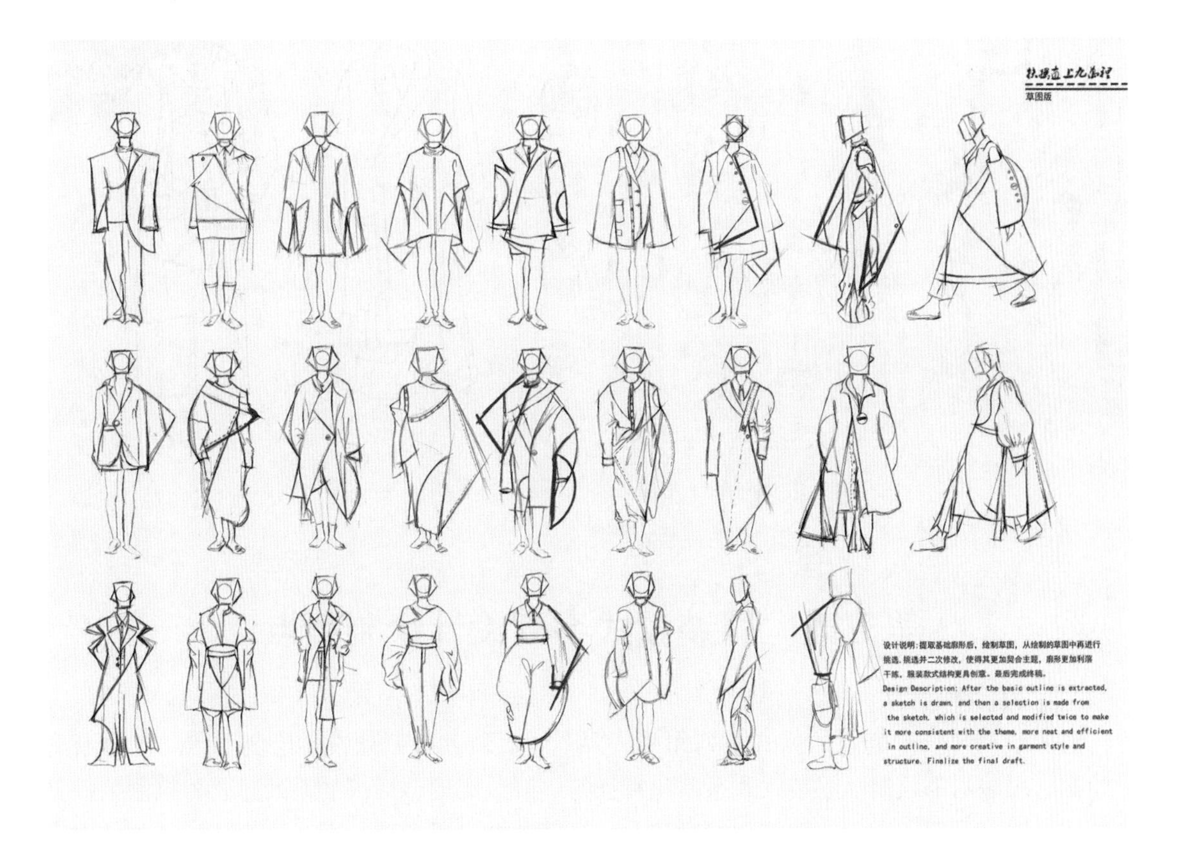

图4–41 创作草稿（作者：姚庆）

（三）完善初稿

当确定应用元素并完成初稿后，设计师可以自行或与团队伙伴一同商讨筛选图稿，敲定细节，最终确定款式方案。在整个筛选图稿的过程中可将所有品类进行任意组合搭配，灵活运用，保留款式之间的系列感。其中，要果断删除某些不科学的款式，如不符合美学的款式，过于烦琐、臃肿的搭配，难以被市场接受的前卫款式，不符合主题的款式，结构错误的款式等。最终所筛选出的初稿至少包含三个不同的设计强度，如最简洁的基本款，稍微个性的变化款，最符合主题代表性的创意款，之后针对这些初稿还要进行深入细化与完善（图4–42）。

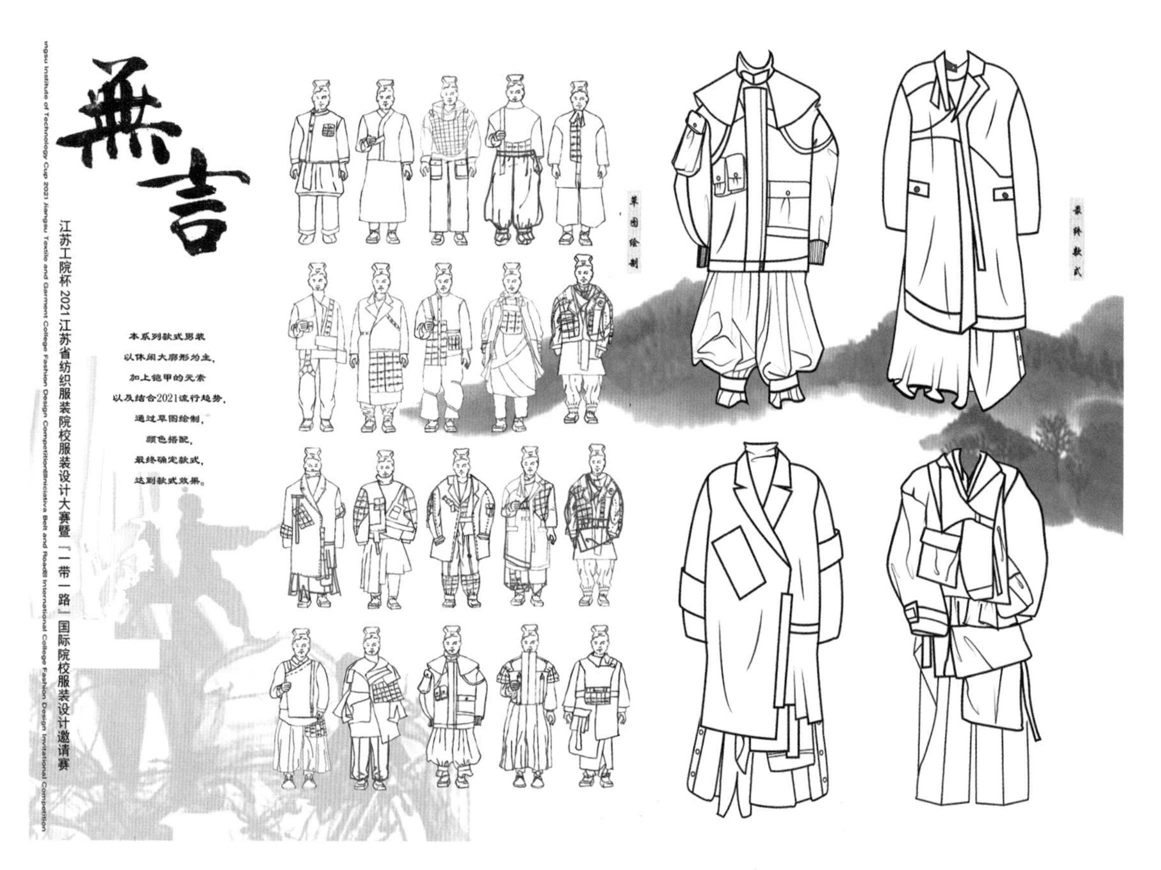

图4–42　完善初稿（作者：陈秋雨）

第五节　服装款式系列设计绘制要点

想要绘制出一个完整的款式系列作品，要了解服装款式系列设计绘制要点，如服装廓形绘制、服装局部绘制、服装款式系列化特征等。服装廓形、局部的系列感要根据服装的具体款式与风格而定，避免廓形波动幅度较大，局部装饰过于烦琐，不成系列。设计师要对女装、男装等基本款式的变化非常熟悉，这样才能变化自如、灵活运用、不断创新。

一、服装廓形绘制

随着流行趋势的不断变化，市场中也产生了许多新式廓形，如双菱形、三角形、不规则多边形等。与男装相比，女装的廓形变化十分多样，尽管充满个性化特征的廓形能够带来较强的时尚感，但同时也要考虑其舒适性与廓形的实现方式。通常来说，越是与人体相距较远的廓形就越难实现，往往需要加入各种衬垫物用于烘托，而这种装饰性衬垫也会直接或间接地影响穿着者的舒适感。

裤装廓形主要有两种绘制方法：一是作为搭配单品，不进行过于夸张变化的绘制，只采用H形、紧身型的基础款式；二是将裤装廓形作为服装整体的设计重点，适当运用一些夸张的设计手法凸显款式风格，如灯笼裤、阔腿裤等。

裙装廓形主要可以分为连衣裙与半身裙，由于裙装的穿着方式与结构造型有所差别，因此常见的裙装廓形一般可分为两种，一种是紧身的X形、S形，另一种是宽松的A形、H形等。

二、服装局部绘制

经过百年的时尚变迁与发展，现代服装款式已形成了稳定的基本款式结构，如各种领型、袖型、口袋、腰头、省道变化等。它们不仅是构成服装款式的基本要素，而且涵盖了男装与女装之间各自的一些变化特点。作为一名服装设计师，只有充分了解这些基础款式要素，才能在绘制时灵活运用，不断地融合与创新。例如，可将常用于西装款式中的翻驳领运用于针织毛衣上，或是用欧根纱来制作一件经典的工装风外套。一个富有设计新意的领型不但能够修饰颈部造型，还能够成为服装整体造型的焦点。

省道变化是服装款式设计中的重要结构要点，是为了使原本平面的面料更符合曲线的人体而进行的裁剪分割手段。许多服装设计师擅长将省道变化作为设计的重点，但实际上省道设计并非任意分割，它需要符合人体结构，具有一定的科学性、合理性。例如，常见的胸省、腋下省也称为造型线或破缝线，它们有着较强的装饰性。男装与女装相同，都需要适当的省道变化来使面料更符合人体曲线。但与女装不同的是，男装的省道设计相对固定，没有太多的变化。在男式正装设计中，省道的变化可以使男式上装形成不同的廓形，以达到修身的目的。

袖部主要是针对袖子长短、袖口，袖廓形等部位进行系列变化设计，其袖口大小、工艺样式也都有相应的标准。肩袖的设计重点在于袖窿的深度，位置以及袖片的形状。除了运用裁剪方式进行设计之外，还可以运用衬垫等工艺进行装饰。

门襟的设计一般会与领部造型结合在一起。其中，男装门襟是左片覆盖右片，女装门襟则是右片覆盖左片。裤装腰头是下装设计的重点之一，腰头的设计包括腰头、腰带、扣襻、裤褶、省道、口袋、裤门襟以及纽扣等细节，男裤、女裤门襟与上装门襟一致。

各种口袋款式均有不同的功能和制作工艺。从功能上来看，上装口袋可以分为胸袋、兜袋两种。从工艺上可分为单开线口袋、双开线口袋、带盖口袋、贴袋以及隐形口袋五大类。不同品类的裤装会有特定的口袋样式要求，如西装裤要求口袋具有隐藏性，工装裤则要求口袋大且多，有一定的装饰性等（图4-43、图4-44）。

图4-43 不同种类的口袋设计

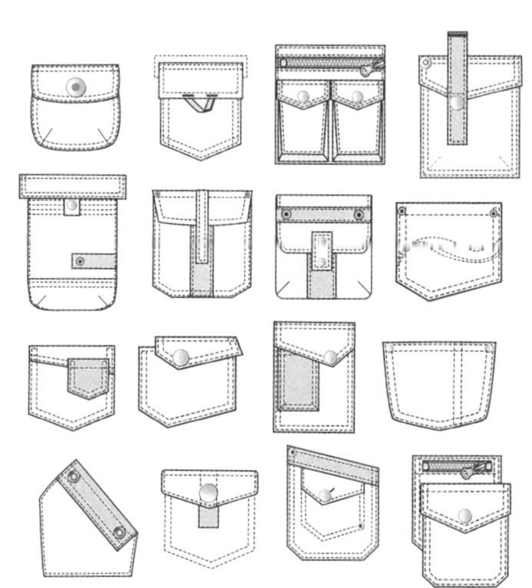

图4-44 不同种类的口袋款式图

三、服装款式系列化特征

服装款式系列化特征主要是指风格系列化与细节系列化。风格系列化作为设计主题的重要特征之一，是系列化设计中最常见的表现形式。设计师要首先了解风格并不是虚无缥缈的模糊概念，它是通过一种代表性风格特征所展现出的一种视觉感官表象。因此，首先要明确风格特征的具体要素，其次将这些要素特征运用到系列设计中。如军装风格、洛可可风格、太空风格等，提取这些概念中的代表性元素，从而形成风格系列化特征。其中，要注意在应用过程中适当加入一些新鲜的创意元素，否则就会脱离风格系列设计，演变成为角色扮演。

图4-45 不同风格的拉链款式图

在服装款式系列设计中，通过运用相同的细节元素，能够使每一套服装都拥有一些共性，体现出系列感。同样的细节元素可以有不同的风格特征，例如同样是拉链元素，采用不同的材质、大小、拉链头等就能够展现出不同的设计风格（图4-45）。如圆形、方形、动物形拉链头，大、中、小拉链齿等，它们所展现出的系列感是极为不同的。细小的金属拉链适用于英伦风格的系列设计，较大的金属齿、有着皮革绑带装饰的拉链头则适用于牛仔风格的系列设计，塑料隐形拉链常见于运动风格的系列设计等。因此要学会区分同样细节设计的不同风格表现，然后选定符合主题要求的细节元素。

综合女装款式设计实践——

常见女装款式品类

课题名称： 常见女装款式品类

课题内容： 女式上装

女式裤装

女式裙装

课题时间： 12课时

教学目的： 通过常见女装款式品类系统学习与分析，学生全面了解常见女装款式设计要点。

教学方式： 教师PPT讲解基础理论知识。根据教材内容及学生的具体情况灵活制定课程内容。加强基础理论教学，重视课后知识点巩固，并安排必要的练习作业。

教学要求：
1. 要求学生掌握常见女装款式品类特征及绘制要点。
2. 课前及课后提倡学生大量收集常见女装款式品类素材。课后对所学知识点进行反复操作实践。

第五章　常见女装款式品类

第一节　女式上装

一、T恤

T恤的结构较为简单，一般由后领圈、前领圈、袖窿、侧缝、下摆、前衣身、后衣身、袖口、袖子、肩斜线等部位构成。常见女式T恤款式有短款T恤、长款T恤、常规款T恤、紧身型T恤、适身型T恤、宽松型T恤等，具有舒适、自然、休闲的特点，深受广大女性消费群体的喜爱（图5-1、图5-7）。

图5-1　女式圆领T恤

二、衬衫

衬衫的结构由领子、领座、肩斜线、衣身、育克、省道、门襟、下摆、纽扣、袖窿、袖克夫等部位构成。常见女式衬衫款式有标准领衬衫、立领衬衫、驳领衬衫等。紧身款衬衫胸围放松量一般为4～6cm，通常采用胸省和腰省的处理方式以达到修身效果。适身款衬衫胸围放松量一般为8～12cm，适宜女性人群较广，青年、中青年、老年等女性群体均可穿着。宽松款衬衫的胸围放松量较大，主要以外套为主（图5-2、图5-8）。

图5-2　女式翻领衬衫

三、西装

西装的结构主要由领面、领座、驳头、衣身、门襟、口袋、下摆、纽扣、大袖、小袖、袖口、省道线、翻领线等构成。其中，女式西装款式外观挺括、线条流畅、穿着舒适。领型主要有平驳领、戗驳领、青果领三类；纽扣排列方式有双排扣、单排扣、一粒扣等。20世纪初，由外套和裙子组成的套装成为西方女性日间的一般服饰，适合上班和日常穿着。女式西装面料一般比男性西装面料更轻柔，裁剪也较为贴身，以凸显女性身型充满曲线感的姿态（图5-3、图5-9）。

图5-3　女式西装

四、风衣

风衣是女性人群在春季、秋季、冬季中经常穿着的一款单品，按衣身长度可分为短款风衣、中长款风衣、长款风衣等。风衣的结构一般由领面、领座、驳头、衣身、门襟、口袋、下摆、纽扣、省道线、翻领线等构成。常见的领型分类主要有翻领、驳领、连帽领等，造型灵活多变、美观实用（图5-4、图5-10）。

图5-4　女式风衣

五、针织衫

针织衫是利用织针把各种原料和品种的纱线构成线圈，再经串套连接成针织物的工艺产物，即利用织针编织成的衣物。其质地松软，有良好的抗皱性与透气性，并有较大的延伸性与弹性，穿着舒适。随着时代和科技的发展，针织衫产品运用现代理念和后整理工艺，大大提高了针织物挺括、免烫和耐磨等特性，再加上拉绒、磨绒、剪毛、轧花和褶裥等技术的综合运用，极大丰富了针织品的品种，使针织衫花色样式愈加多样（图5-5、图5-11）。

六、内衣

按照罩杯通常可以将文胸分为三种：第一种是四分之四全罩杯文胸，具有包容性、稳定性、承托性、聚拢性强的特征，这种款式的文胸可以使女性的胸部外观更加挺拔而不臃肿，适合胸部较为丰满的女性；第二种是四分之三罩杯文胸，主要起到适当聚拢的作用，包容效果适中，聚拢效果较好，适合大多数女性穿着；第三种为二分之一罩杯，这种款式能够起到良好的托抬胸部的作用，使胸部看起来较为丰满，适合胸部较小的女性。女性内裤按照腰位高低一般可分为三类，即高腰款、中腰款和低腰款（图5-6、图5-12）。

图5-5　女式针织衫

图5-6　分体式内衣

图5-7 女式T恤款式图赏析

图5-8 女式衬衫款式图赏析

图5-9　女式西装款式图赏析

图5-10　女式风衣款式图赏析

图5-11　女式针织衫款式图赏析

图5-12　女式内衣款式图赏析

第二节　女式裤装

一、长裤

长裤一般由裤腰、裤裆、裤身缝制而成。由于造型及面料材质的不同，女式长裤主要可以分为直筒裤、小脚裤、阔腿裤、灯笼裤、喇叭裤等。如女式阔腿裤造型简洁大方，宽松的轮廓可以使双腿看起来更加修长。小脚裤也称锥裤，有较好的瘦身与修身效果。贴腿型长裤是紧身裤的一种，其面料弹性较大，适合腿型修长的女性穿着（图5-13、图5-16）。

图5-13　女式长裤

二、短裤

女式短裤按照长度一般可分为超短裤和常规款短裤。其中超短裤也称热裤，是夏季女性经常穿着的一种款式，通常由牛仔布、全棉等面料制作而成。此外，百慕大短裤、运动短裤、西装短裤等都是经典的款式（图5-14、图5-17）。

图5-14　女式牛仔超短裤

三、连体裤

连体裤也是裤装的一种，由于连体而被称为连体裤。连体裤上下一体的独特设计有着较强的美观性，使女性整体看起来更加修长、挺拔。连体裤的款式、色彩、图案、面料等通常是上下保持一致，有着强烈的整体性与秩序性，如夏季休闲度假风印花连体短裤、有多个口袋装饰的工装风连体长裤、简洁大方的学院风背带裤、西装驳领款式的职业风连体裤等（图5-15、图5-18）。

图5-15　女式连体裤

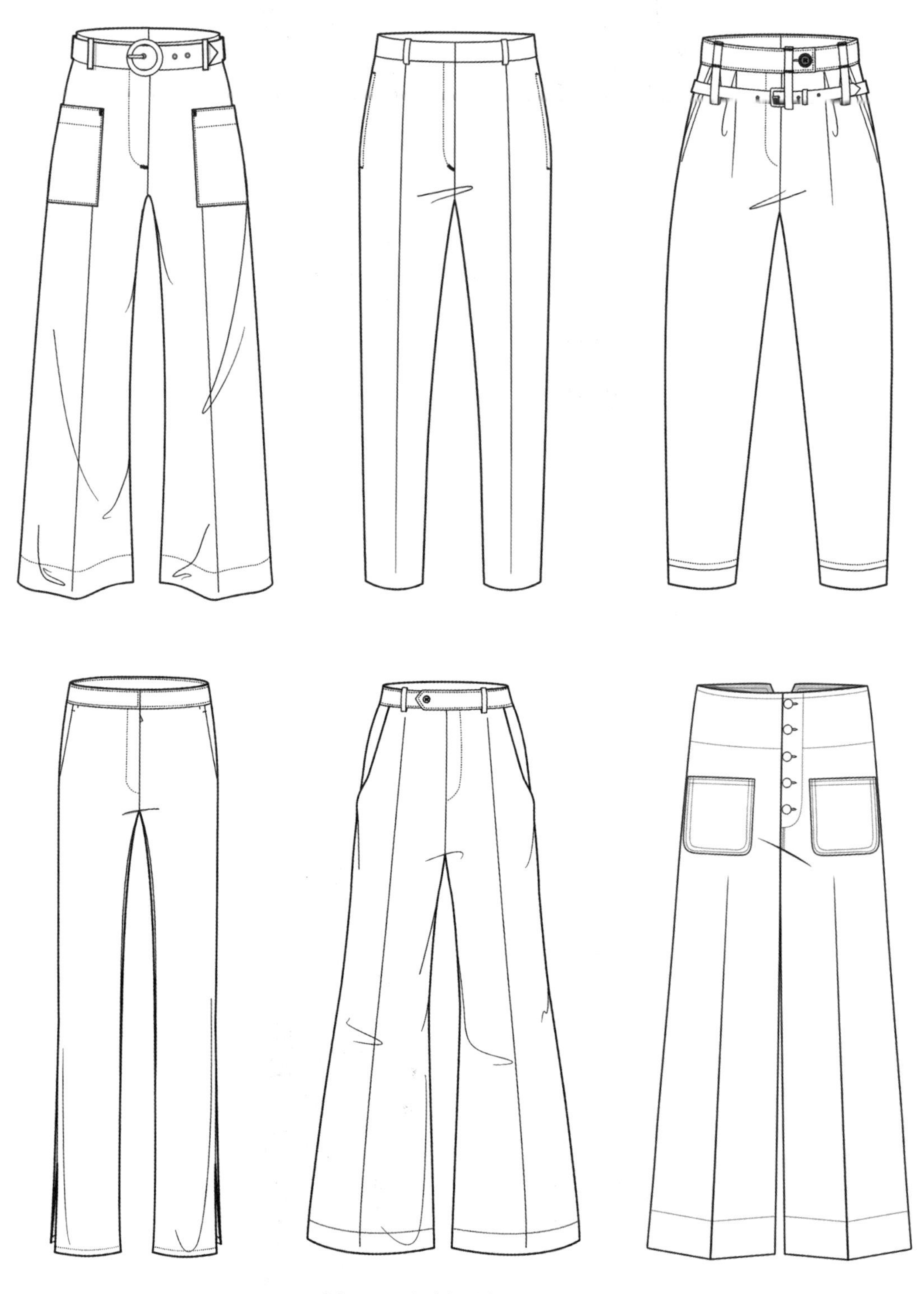

图5-16　女式长裤款式图赏析

图5-17　女式短裤款式图赏析

图5-18　女式连体裤款式图赏析

第三节　女式裙装

一、半身裙

半身裙是一种围于下体的服装，和裤装同属于最基本的下装形式，一般由裙腰和裙体构成。腰部与臀部的款式造型是裙装设计的关键，省道的变化、裙长、育克都是影响裙装款式造型是否优美合体的重要因素。半身裙根据长短可分为迷你裙、短裙、中长裙、长裙等；按照廓形可分为直筒裙、包臀裙、铅笔裙、A字裙、鱼尾裙、波浪裙等。半身裙款式变化多样，可以满足不同年龄层女性的着装需求，充分展现女性魅力（图5-19、图5-20、图5-22、图5-23）。

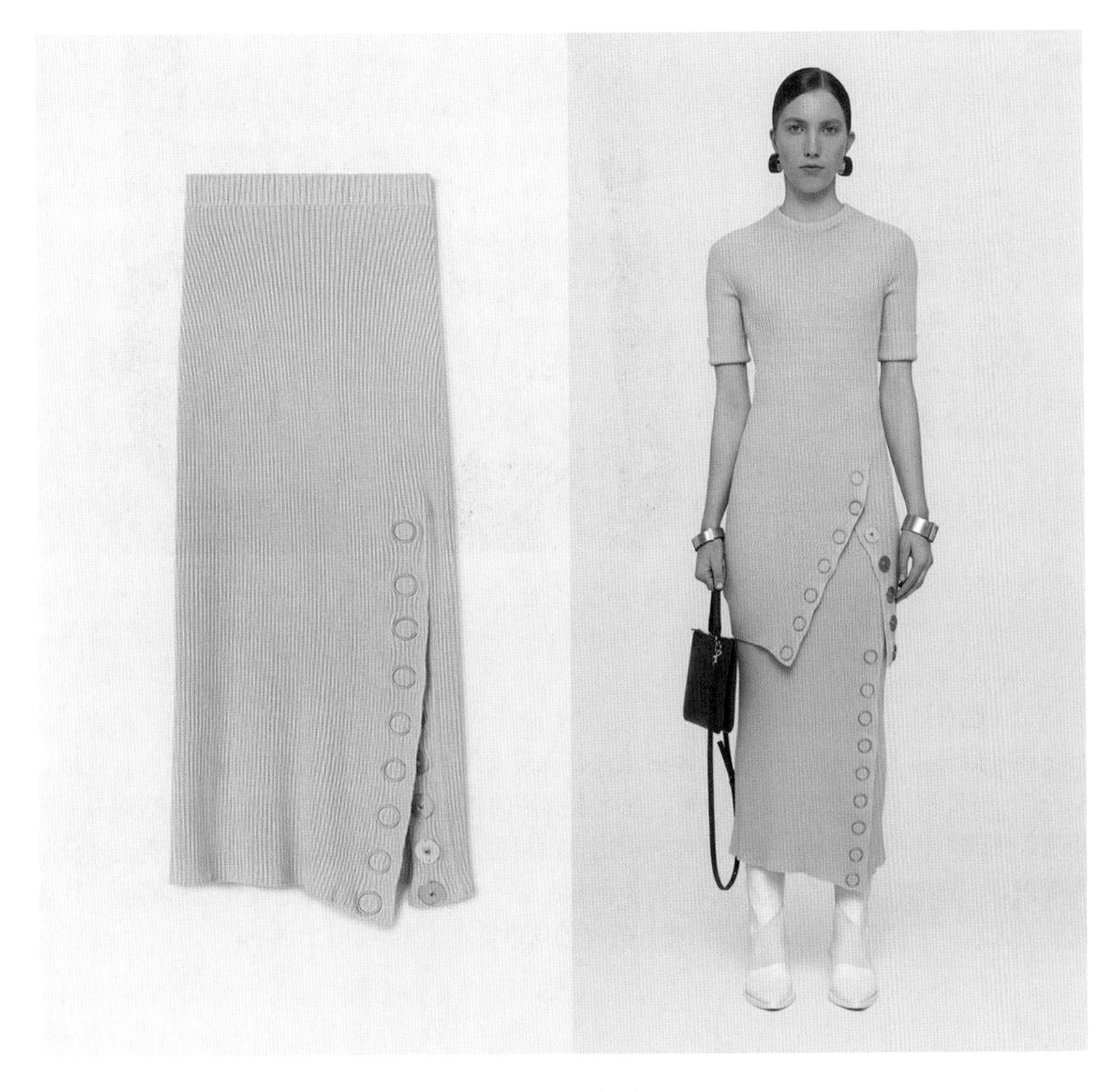

图5-19　女式长裙

图5-20　女式碎花短裙

二、连衣裙

连衣裙是指上装与裙装连成一体的裙装，深受女性喜爱。常见的连衣裙款式有直身裙、A字裙、吊带裙、礼服裙、公主裙等。直筒连衣裙的胸围与腰围基本一致，衣片结构为上下相连，腰间不作剪短处理；贴身型连衣裙比直筒裙更为紧身、合体，有公主线、省道及分割线等设计，强调收腰和人体曲线美。A字形连衣裙一般由侧缝向胸围处展开至裙底摆，外形宛如英文大写字母A，具有活泼、可爱、青春的风格特点（图5-21、图5-24）。

图5-21 女式连衣裙

图5-22 女式半身裙款式图赏析

图5-23　女式短裙款式图赏析

图5-24　女式连衣裙款式图赏析

综合男装款式设计实践——

常见男装款式品类

课题名称： 常见男装款式品类

课题内容： 男式上装

男式裤装

课题时间： 12课时

教学目的： 通过常见男装款式品类系统学习与分析，学生全面了解常见男装款式设计要点。

教学方式： 教师PPT讲解基础理论知识。根据教材内容及学生的具体情况灵活制定课程内容。加强基础理论教学，重视课后知识点巩固，并安排必要的练习作业。

教学要求： 1. 要求学生掌握常见男装款式品类特征及绘制要点。

2. 课前及课后提倡学生大量收集常见男装款式品类素材。课后对所学知识点进行反复操作实践。

第六章　常见男装款式品类

第一节　男式上装

一、T恤

按照袖子长短可将男式T恤分为长袖T恤、短袖T恤、无袖T恤；按照领口样式可分为圆领、翻领、无领、V领、立领、连帽款等；按照廓形可分为直筒型、宽松型、收腰型、插肩袖型等（图6–1、图6–9）。

图6–1　男式条纹T恤

二、衬衫

男式衬衫中的衣领与袖口是重点设计对象。通常可将男式衬衫分为商务衬衫、礼服衬衫、休闲衬衫、时尚衬衫、度假衬衫等。其中，商务衬衫主要包括内穿式衬衫与外穿式衬衫。礼服衬衫也称为燕尾服衬衫，通常为双翼型立领设计，着装时可搭配领结，袖子则为双折袖。男式休闲衬衫长度一般可长至胯骨间，衣身宽松，活动自如（图6–2、图6–10）。

图6-2　男式翻领衬衫

三、西装

男式西装一般可分为商务款西装、休闲款西装、礼服款西装三种。商务款西装风格较为低调、保守，不会有过多烦琐的装饰细节，通常只是在口袋形状、领型、外部廓形等方面进行细微变化设计。休闲款西装主要强调穿着的舒适度，板型较为宽松，适合在日常生活中穿着，是大多数男性经常选择的品类。礼服款西装是指着装者参加晚宴、婚礼等重要场合中所穿着的款式，为了突出高贵、华丽感，板型会较为修身，面料也较为精致，如绸缎、天鹅绒等。男式西装大多采取单排两粒扣、三粒扣的平驳领款式，双排四粒、六粒扣的戗驳领款式等，袖衩部位的装饰扣1～4粒均可，后开衩多为中开衩、两侧开衩或无开衩等（图6-3、图6-11）。

图6-3　男式西装

四、夹克

与男式西装相比，男式夹克所适合穿着的生活场景更为广泛，是男性工作、生活、旅行的必备单品之一。许多男式夹克有着较强的功能性，如双面可穿、防风防雨、可拆卸内胆等，方便洗涤与保养，如最为经典的男式飞行员夹克，它是众多夹克款式的前身，也是年轻人爱穿的夹克款式，具有多种衍生款式，袖口和下摆通常采用收紧罗纹缝制（图6-4、图6-12）。

图6-4　男式棒球夹克

五、卫衣

卫衣一般较为宽松，风格休闲，具有时尚性与功能性的特征。主要款式分为套头卫衣、开胸式卫衣、连帽式卫衣、长款、短款等，可搭配牛仔裤、工装裤、运动裤等，是男性日常生活中常穿着的单品之一（图6-5、图6-13）。

图6-5　男式连帽卫衣

六、大衣

男式大衣款式一般为长款，领部造型以小翻领、大翻领、立领、驳领等为主。扣子多为单排扣或双排扣装饰。男式大衣具有挺括、绅士、庄重等风格特点，如带有牛角扣装饰的英伦学院风大衣、切斯特菲尔德正装大衣（Chesterfield Coat）、波鲁大衣等（图6-6、图6-14）。

图6-6　男式大衣

七、针织衫

男式针织衫分为圆领针织衫、V领针织衫、针织开衫、宽松不规则下摆针织衫等。撞色款、条纹款、图案款针织衫是男式休闲场合中较为常见的品类；商务通勤中则以纯色针织衫为主（图6-7、图6-15）。

图6-7　男式针织POLO衫

八、羽绒服

羽绒服是指内充羽绒填料的上装，外形庞大圆润，多为寒冷地区的人们穿着，也为极地考察人员所常用。男式羽绒服款式设计一般比较简约，常以纯色为主。按照薄厚程度可分为轻薄型与厚重型（图6–8、图6–16）。

图6–8　男式羽绒服

图6-9 男式T恤款式图赏析

图6-10 男式衬衣款式图赏析

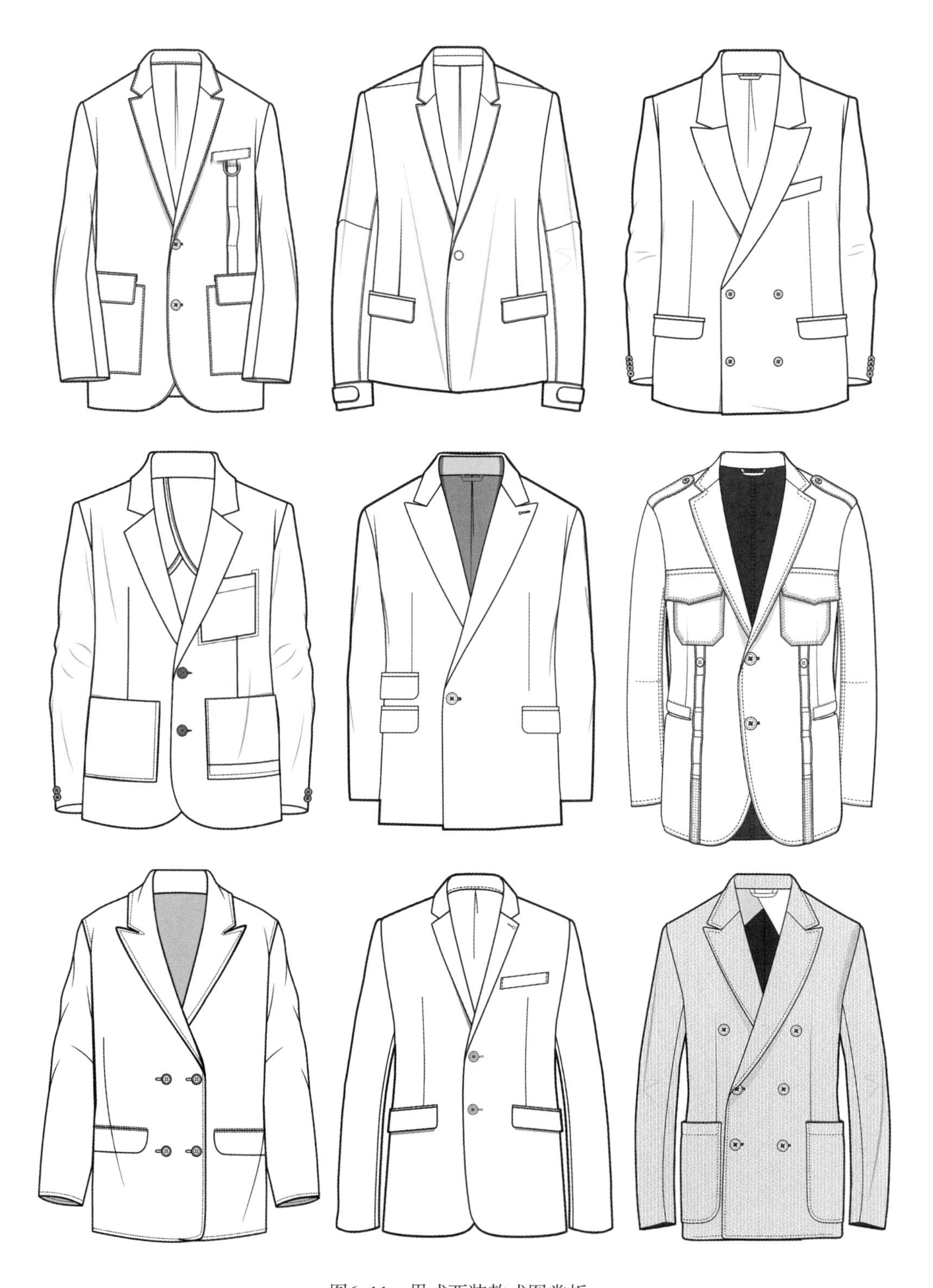

图6-11　男式西装款式图赏析

图6-12　男式夹克款式图赏析

图6-13 男式卫衣款式图赏析

图6-14　男式大衣款式图赏析

图6-15　男式针织衫款式图赏析

图6-16　男式羽绒服款式图赏析

第二节　男式裤装

男式裤装板型通常较为宽松，主要有西装裤、休闲裤、运动裤、工装裤、哈伦裤、马裤、步兵裤、锥形裤、骑行裤等（图6-17～图6-19）。

图6-17　不同款式风格的男式裤装

图6-18　男式短裤款式图赏析

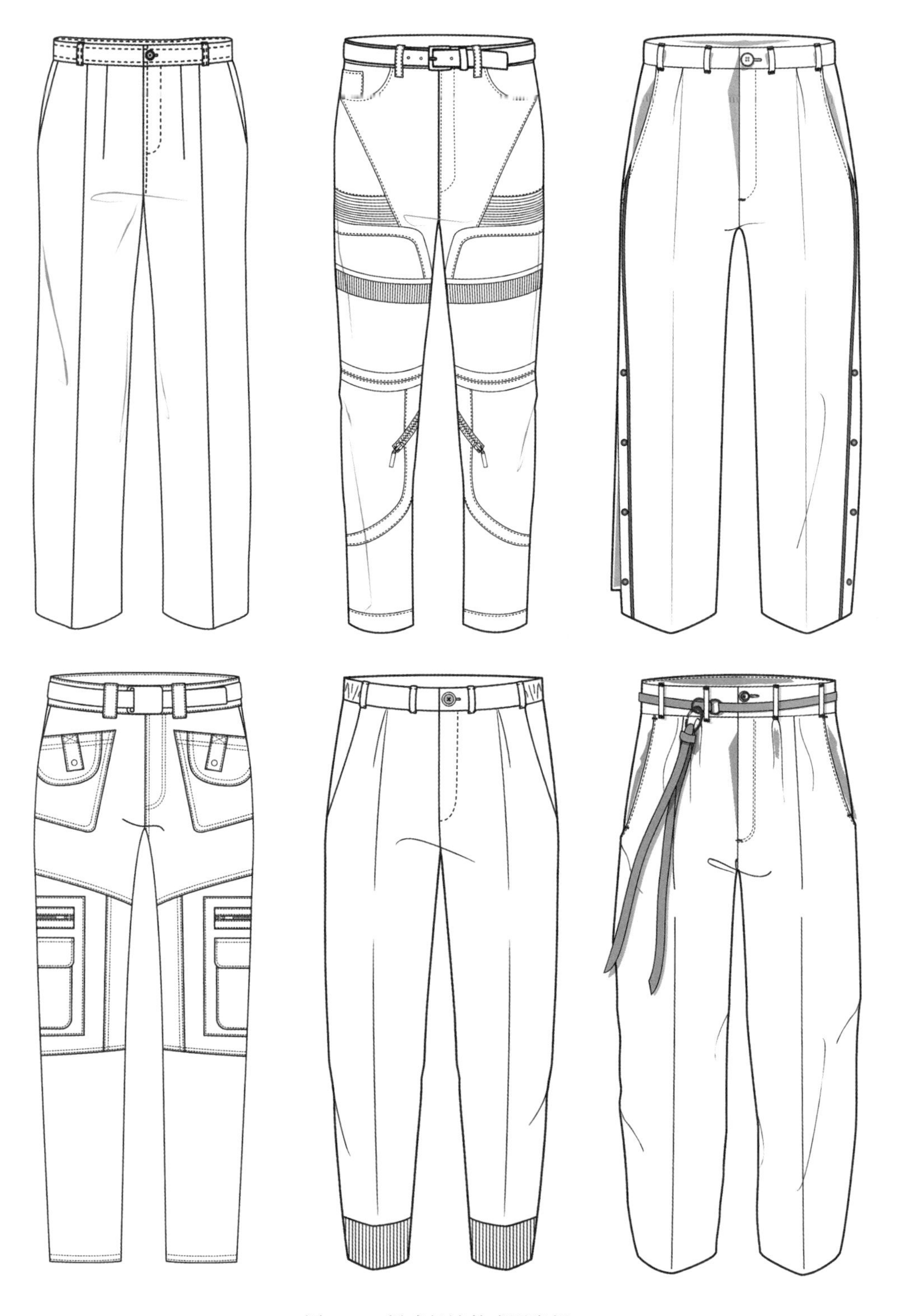

图6-19　男式长裤款式图赏析

综合童装款式设计实践——

常见童装款式品类

课题名称： 常见童装款式品类

课题内容： 儿童上装

儿童裤装

课题时间： 12课时

教学目的： 通过常见童装款式品类系统学习与分析，学生全面了解常见童装款式设计要点。

教学方式： 教师PPT讲解基础理论知识。根据教材内容及学生的具体情况灵活制定课程内容。加强基础理论教学，重视课后知识点巩固，并安排必要的练习作业。

教学要求： 1. 要求学生掌握常见童装款式品类特征及绘制要点。

2. 课前及课后提倡学生大量收集常见童装款式品类素材。课后对所学知识点进行反复操作实践。

第七章　常见童装款式品类

第一节　儿童上装

一、T恤

童装T恤主要以宽松板型为主，前衣片与后衣片的下摆通常为圆弧形，肩缝线微微下移，整体呈现出休闲运动、活泼可爱的款式风格。穿脱方便是儿童T恤设计的重点之一，款式不宜复杂，透气舒适的面料及带有童趣感的细节装饰可为其增添新意（图7–1、图7–4）。

图7–1　儿童T恤

二、衬衫

儿童衬衫更关注儿童活动时的伸展性与舒适度。领部、袖部造型常以彼得潘小圆领、小翻领、海军领、公主袖、荷叶边等形式出现，彰显儿童天真烂漫的一面。由于衬衫前襟部位有多个扣子，因此更适宜（3岁以上）群体穿着（图7–2、图7–5）。

图7–2　儿童衬衫

三、外套

儿童外套款式主要以户外运动休闲风格为主，男童款式造型多为运动休闲为主；女童款式造型多以甜美可爱的风格出现。在年龄层次选择上，每一阶段都要符合孩童的年龄与气质，如1～3岁的幼童款、3～6岁的小童款、6～9岁的中童款、9～12岁的大童款等。此时的男童、女童成长速度较快，可选择的外套空间范围也较为广泛（图7–3、图7–6、图7–7）。

图7–3　儿童外套

图7-4　儿童T恤款式图赏析

图7-5　儿童衬衫款式图赏析

图7-6　儿童外套款式图赏析

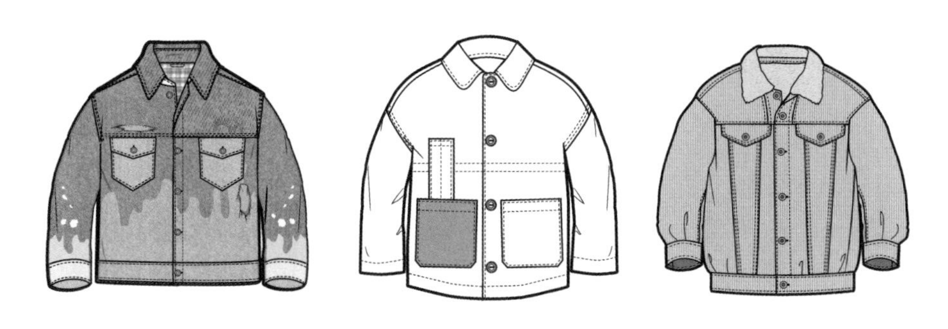

图7-7　儿童夹克款式图赏析

第二节　儿童裤装

一、裤装

儿童裤装可以分为长裤、短裤和连体裤。通常会在腰围加松紧带，使儿童穿脱方便，松紧带的长度一般为腰围尺寸的一半，注意不能太紧，否则会限制儿童的生长发育（图7-8、图7-10）。

二、裙装

儿童裙装可以分为半身裙和连衣裙，其款式造型与成年裙装较为相似，如A字裙、直身裙、蛋糕裙、背带裙等。儿童裙装的款式变化主要体现在口袋、裙摆、领口、腰头等部位。

为方便儿童穿脱，一般多采用松紧腰带（图7-9、图7-11）。

图7-8　儿童长裤

图7-9　儿童裙装

图7-10　儿童裤装款式图赏析

图7-11 儿童裙装款式图赏析

案例赏析与设计实践——

服装款式设计作品赏析

课题名称： 服装款式设计作品赏析

课题内容： 优秀学生作品赏析与设计实践

课题时间： 4课时

教学目的： 通过讲解优秀学生作品案例，学生深入且系统掌握相关设计要点。学生独立完成设计练习作业，教师进行针对性辅导，对每位同学的作业进行集体点评。

教学方式： 教师PPT讲解基础理论知识。根据教材内容及学生的具体情况灵活制定课程内容。加强基础理论教学，重视课后知识点巩固，并安排必要的练习作业。

教学要求： 要求学生能够独立完成不同主题系列设计任务。

第八章　服装款式设计作品赏析

第一节　*WATER BEAR*系列女装设计作品

水熊虫是一种能在极端恶劣条件下生存和繁衍的有机体，将其活跃、隐生、厌氧、基因水平转移的特征及能力与未来人类的可能性存在形态作为切入点，从而进行设计启发与延展。*Warer Bear*系列女装设计作品利用服装作为生物进化并走向多态性物种的一种呈现方式，以新型形态表达异质同构的整体性与统一性。未进食状态下的水熊虫通体透明无色，进食后水熊虫身体则色彩各异。它们体表的颜色主要由含类胡萝卜素的食物赋予，依据摄入类胡萝卜素的多寡，会变化为黄色、棕色、深红色或翠绿色等多种色彩。设计师从含有类胡萝卜素的真菌、藻类、动植物中提取色彩，作为本系列作品的主要色彩基调。

在面料与装饰细节方面，运用硅胶丝、珍珠笔、发泡笔等非服用材料进行多种面料改造，为服装增添趣味性与未来感。主要款式为收腰上衣，针织充绒上衣、收腰大衣、可拆卸创意袖、羽绒服珠光面料、松紧灯笼裤、斗篷式创意上衣等。内层运用针织面料、连肩袖侧缝处抽褶包边开衩，外层设计曲线拉链、连体帽及交叉领带，袖口搭配撞色缎面飘带，立领上衣内搭运用三明治网眼面料，中缝开衩小脚裤运用复合面料等。

*Warer Bear*系列女装设计作品荣获2021年中国国际大学生时装周工艺制作奖，作品详情如图8-1～图8-9所示。

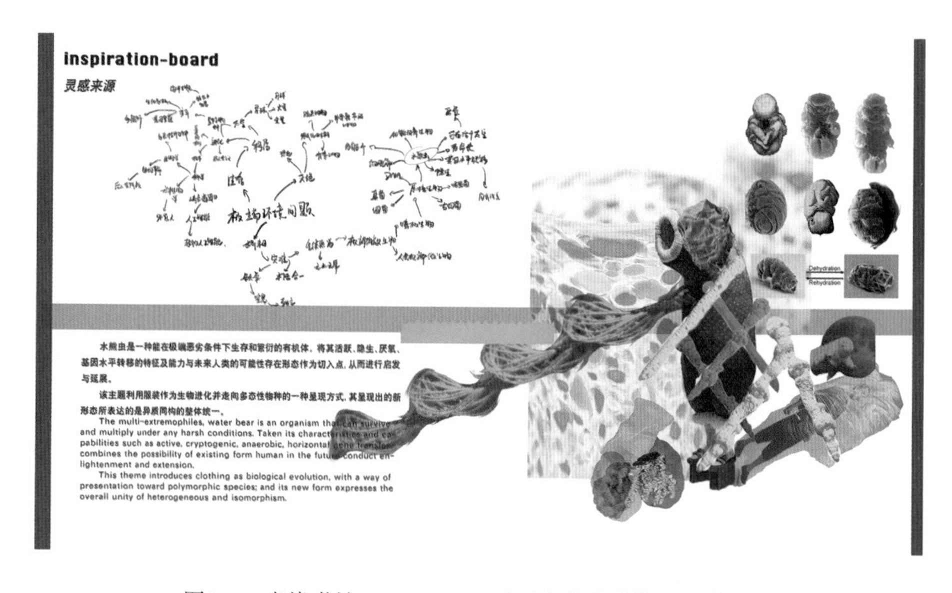

图8-1　李缘琳灿*WATER BEAR*系列女装设计作品灵感来源

图8-2　李缘琳灿*WATER BEAR*系列女装设计作品色彩趋势

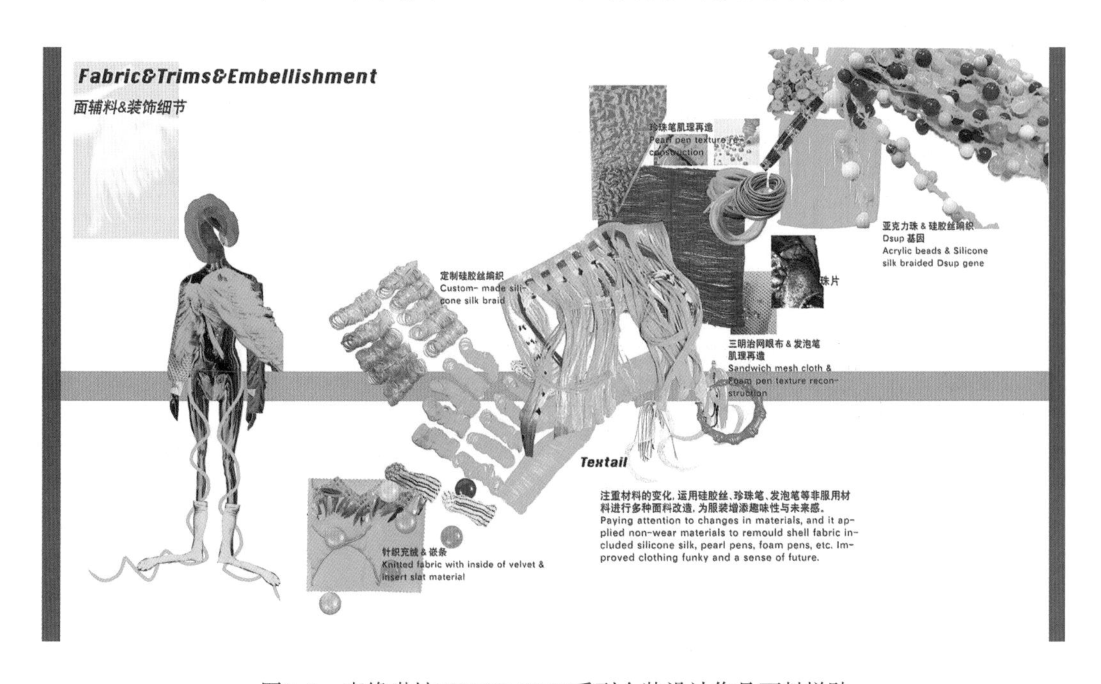

图8-3　李缘琳灿*WATER BEAR*系列女装设计作品面料拼贴

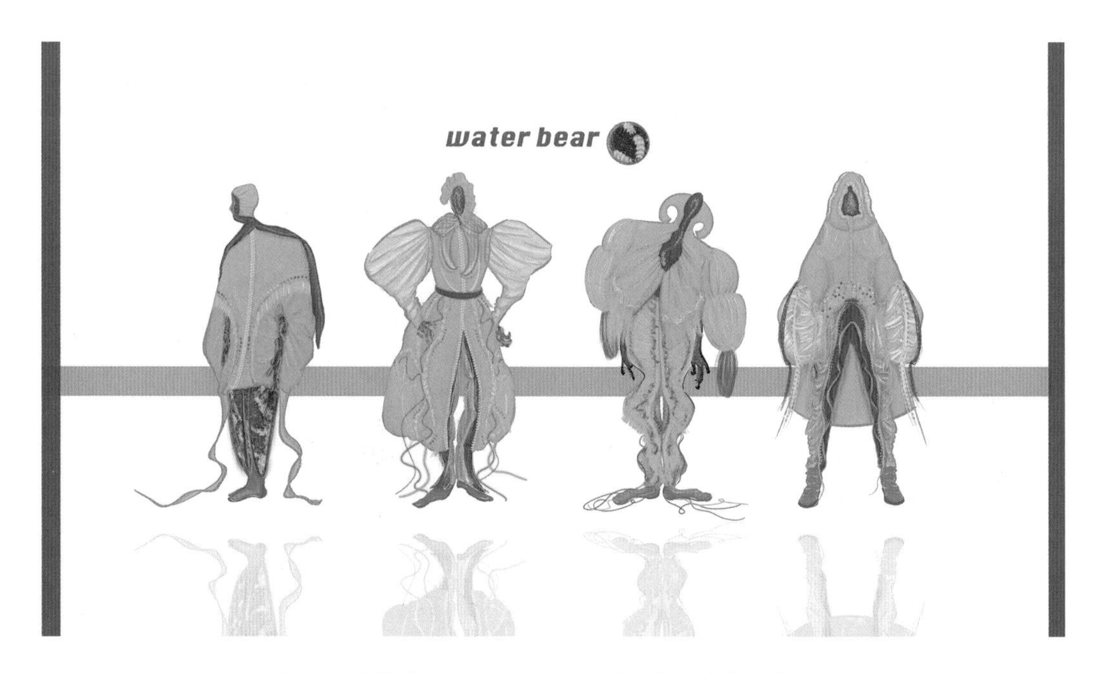

图8-4 李缘琳灿*WATER BEAR*系列女装设计作品效果图

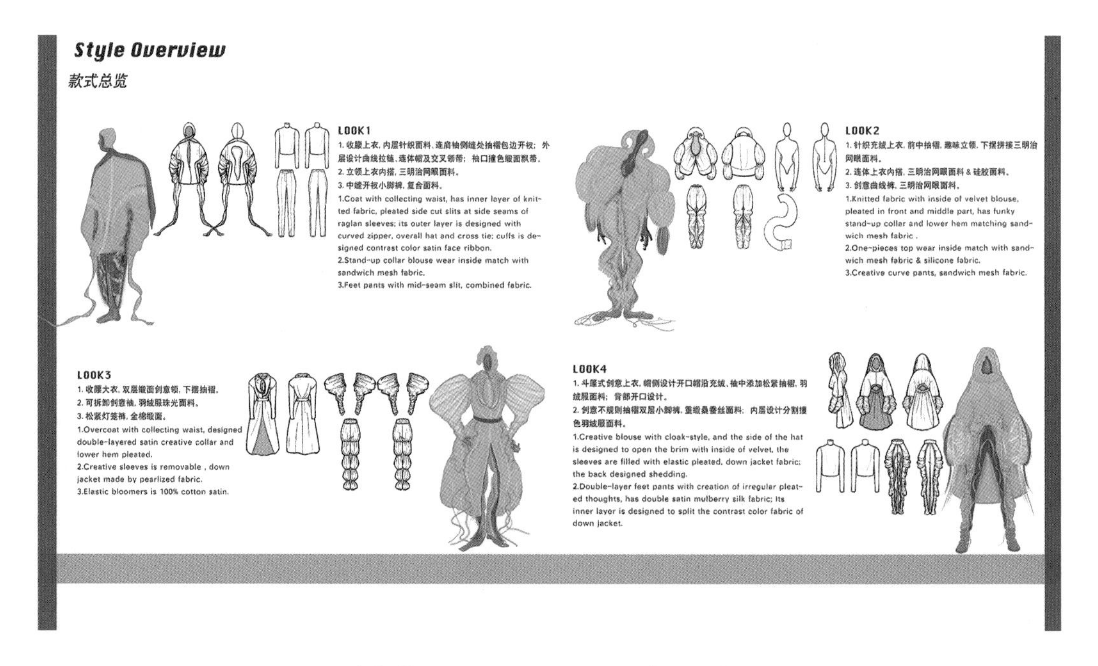

图8-5 李缘琳灿*WATER BEAR*系列女装设计作品款式图

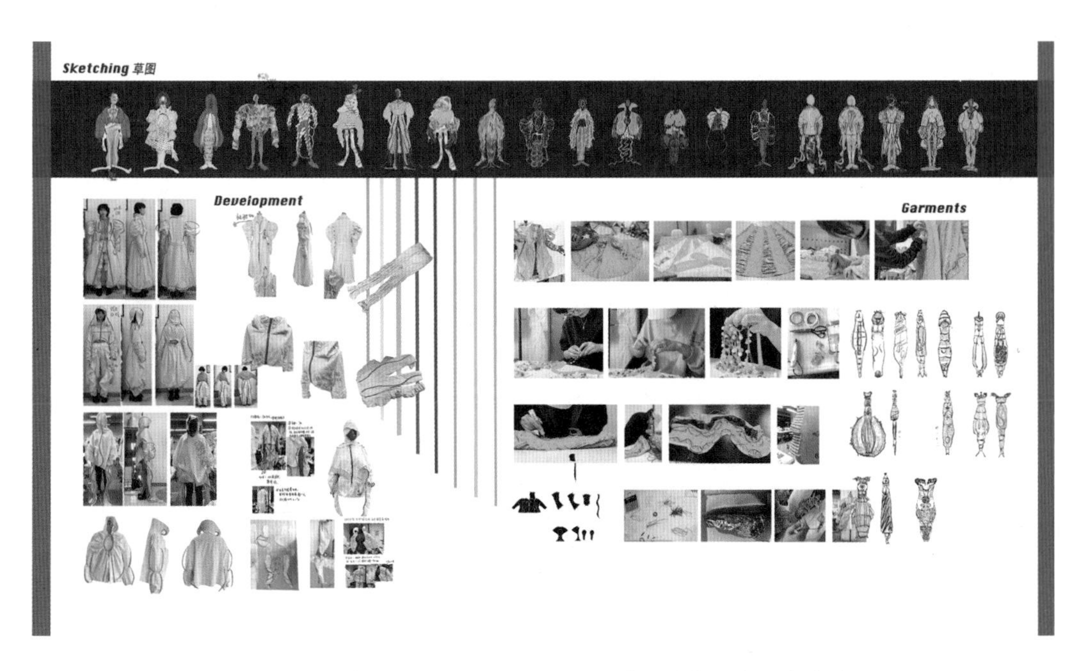

图8-6　李缘琳灿*WATER BEAR*系列女装设计作品白坯布实验

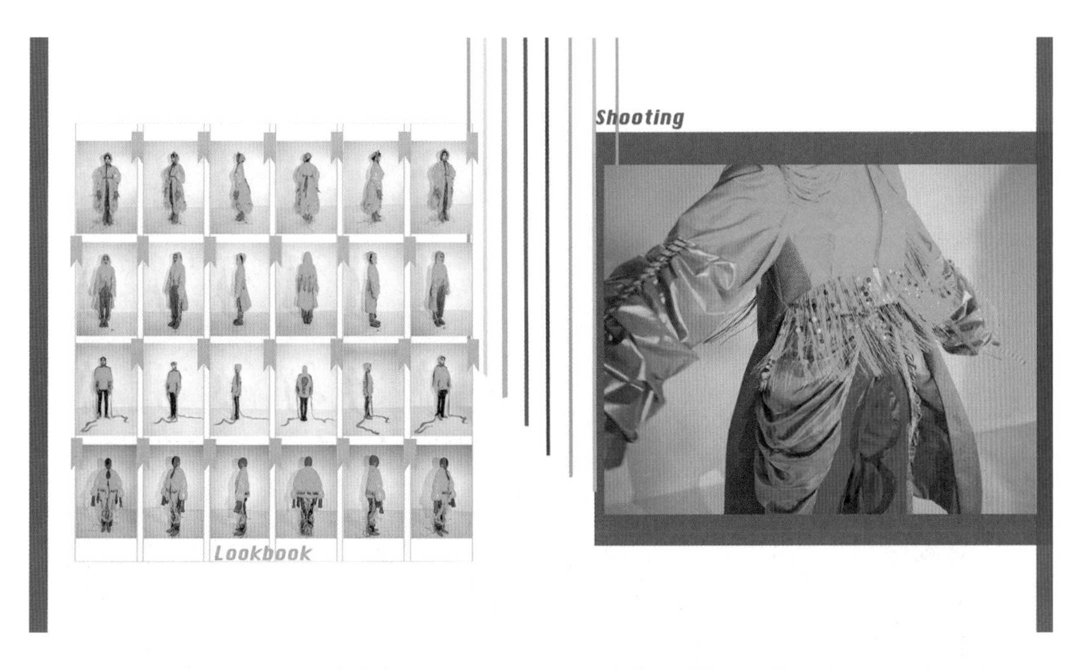

图8-7　李缘琳灿*WATER BEAR*系列女装设计作品服装型录

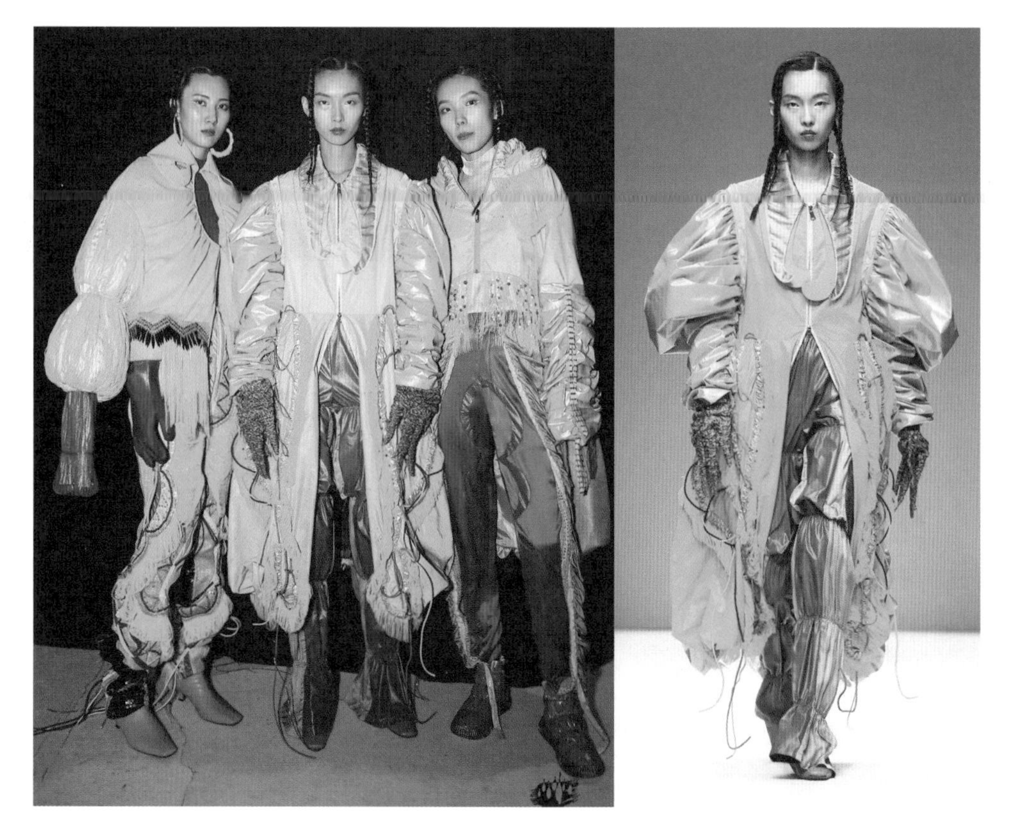

图8-8　李缘琳灿*WATER BEAR*系列女装设计作品成衣展示1

图8-9　李缘琳灿*WATER BEAR*系列女装设计作品成衣展示2

第二节　《未来女祭司》系列女装设计作品

《未来女祭司》作品灵感源于设计师杜撰的一个故事：古代蒙古族女祭司无意得到一块从天而降的神石，从而以此控制人们的思想，因此引发皇室争斗，女祭司被暗杀。她意外依靠神石穿越到2098年，那时人们依靠意识生活，女祭司在虚拟世界里成了新时代的神。在调研过程中，设计师查阅了大量传统的蒙古族服装、文化以及出土文物，发现传统摩羯形象已演变成了龙首鱼身的形象。再从出土文物的有关瓷器、丝织品、玉石雕刻品中提取中式摩羯图案，运用3D建模的辅助手段使它们变成极具未来感材料的成品，并将其作为女祭司在未来的身份象征和符号。设计师还从保存良好的古代蒙古族护膝中获得启发，用现代面料和CAD制板对它进行复原，并将其转变为前期立裁实验的基础。在人台实验中尝试用两条长1.5m、宽0.6m的粗条纹针织面料在人台上进行缠绕实验，并交换两者位置和各自所占人台面积，得出不同的分割板片方法和进一步的廓形。在面料实验中，通过模仿出土器物被氧化的痕迹，先将平纹针织和金属零件结合，后续以针织和塔克褶相结合，将此工艺运用在成衣上。在设计师眼中，这位新时代的女性形象是过去和未来交织结合的产物。

《未来女祭司》作品详情如图8-10～图8-16所示。

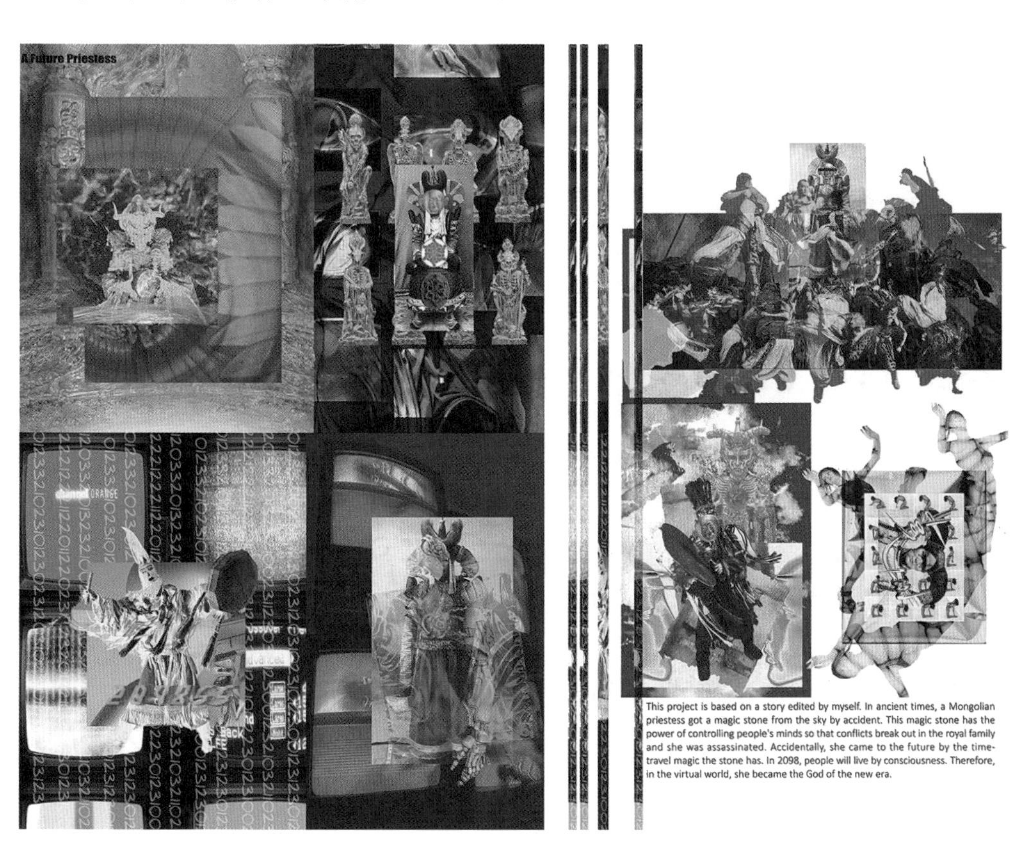

图8-10　阳浩澜《未来女祭司》系列女装设计作品灵感来源

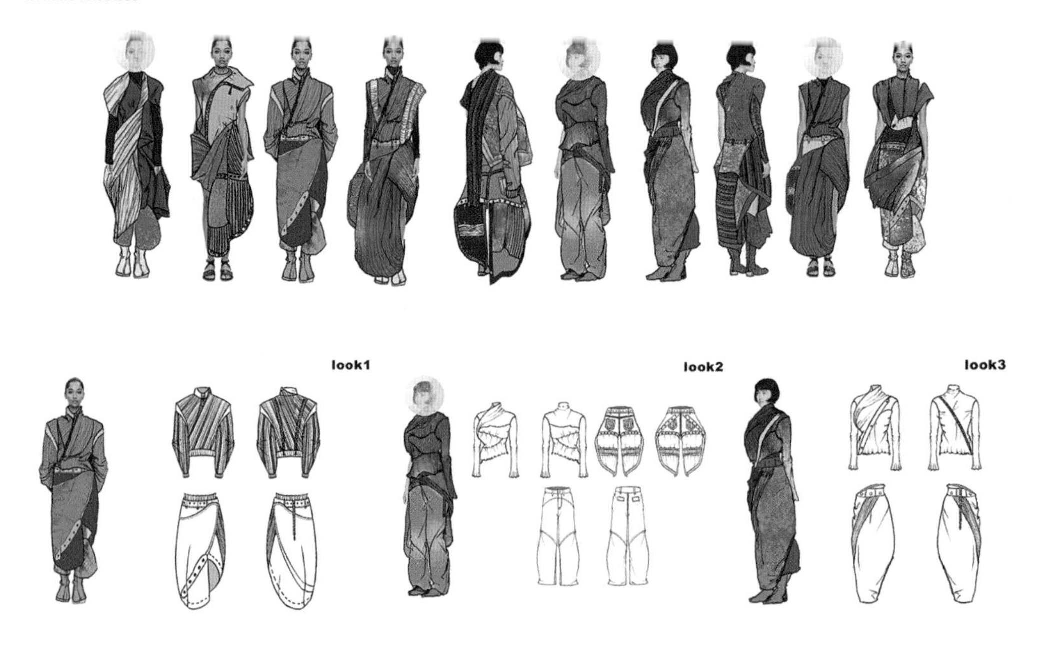

图8-11　阳浩澜《未来女祭司》系列女装设计作品效果图、款式图

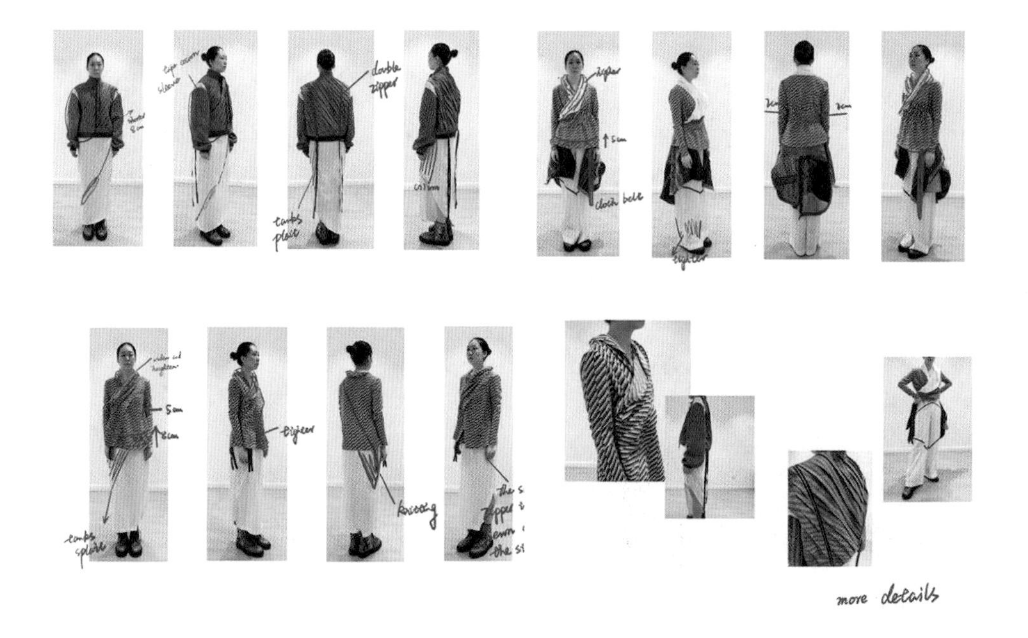

图8-12　阳浩澜《未来女祭司》系列女装设计作品样衣实验

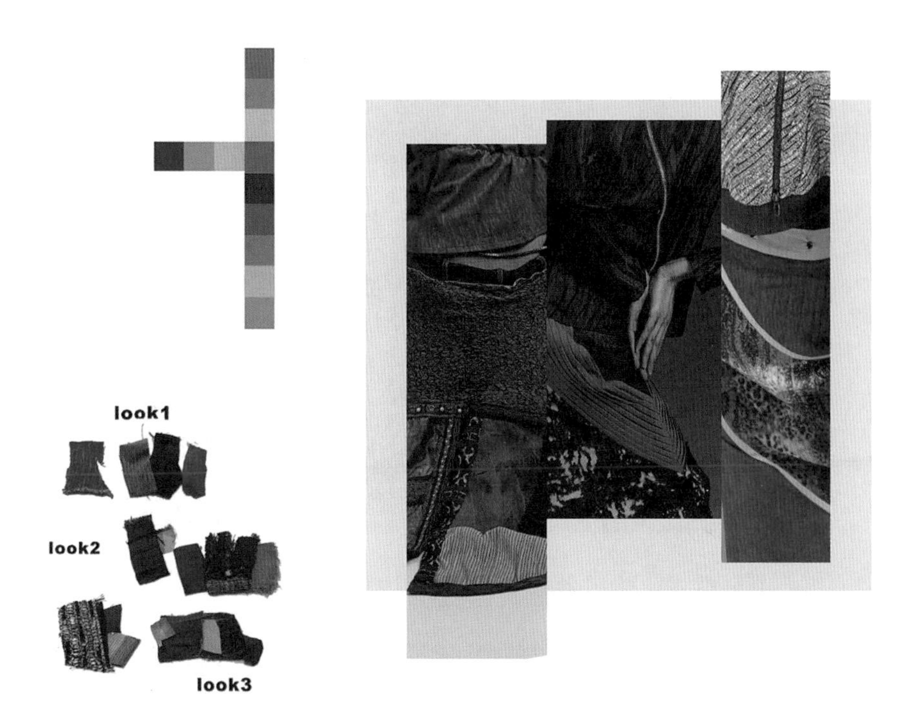

图8-13　阳浩澜《未来女祭司》系列女装设计作品面料实验

图8-14　阳浩澜《未来女祭司》系列女装设计作品成衣展示1

图8-15　阳浩澜《未来女祭司》系列女装设计作品成衣展示2

图8-16　阳浩澜《未来女祭司》系列女装设计作品成衣展示3

第三节　《声临其境》系列女装设计作品

《声临其境》系列灵感源于古琴名曲《高山流水》及伯牙绝弦的典故。一人一琴一知音，一生一曲一人听，多么美妙而又恬淡的生活情趣，让人心向往之，意味深长。当今喧嚣都市，夜深人静之时，忆起抚琴空灵深沉的声响，也能让人卸下面具并且静下心来倾听自己灵魂深处的声音。古琴为养德之器。“清微淡远、中正平远”凝聚了品德高尚之士的涵养，另外也与隐士的处世态度、人生境界融为一体。作品主要从古琴的拨弦手势、减字谱、造型图案中提取元素，以黑色、褐色、白色为主色调，追求一种高雅而凝练的视觉效果，在细节处安排蝴蝶结、抽褶、图案元素来点缀，并综合运用形意相生、以形取意、点面并用的处理方式来体现主题思想和意境。

《声临其境》系列女装设计作品荣获“盛泽杯”2020江苏省服装院校学生设计大赛优秀奖，作品详情如图8-17～图8-24所示。

图8-17　易晓佳《声临其境》系列女装设计作品封面

图8-18　易晓佳《声临其境》系列女装设计作品灵感来源1

图8-19　易晓佳《声临其境》系列女装设计作品灵感来源2

图8-20 易晓佳《声临其境》系列女装设计作品流行趋势素材

图8-21 易晓佳《声临其境》系列女装设计作品效果图

图8-22 易晓佳《声临其境》系列女装设计作品款式图

图8-23　易晓佳《声临其境》系列女装设计作品成衣展示1

图8-24　易晓佳《声临其境》系列女装设计作品成衣展示2

第四节　*SPACE PROGRAM*系列童装设计作品

*SPACE PROGRAM*系列作品主题为太空计划，灵感来源于儿童心中对太空的幻想及憧憬，将脑海中的奇思妙想转换为太空人的翱翔形象。作品提取了连体式宇航服的款式廓形，两侧装饰立体插袋，以此增强服装的功能性。整个系列采用了较为宽松的廓形，为儿童提供了更为舒适的活动空间，穿着时避免了紧绷束缚感。两片式马甲设计使穿脱过程更为便捷，增加了服装的可搭配性，使服装整体更具活力。色彩提取方面主要以松石绿、橙红色为主，活泼强烈的对比色给人以视觉上的冲击，带给儿童愉悦心理暗示，增添欢乐的基调。外套大多选用防护性较强的锦纶面料，具有防风、防水的功能，也较为耐磨。部分裤子采用弹性较好、透气性强的丹宁面料。卫衣采用运动针织面料，其吸汗、防臭等功能对儿童的皮肤有着一定的保护作用。

*SPACE PROGRAM*系列童装设计作品入围2020年虎门杯童装设计大赛，作品详情如图8-25～图8-31所示。

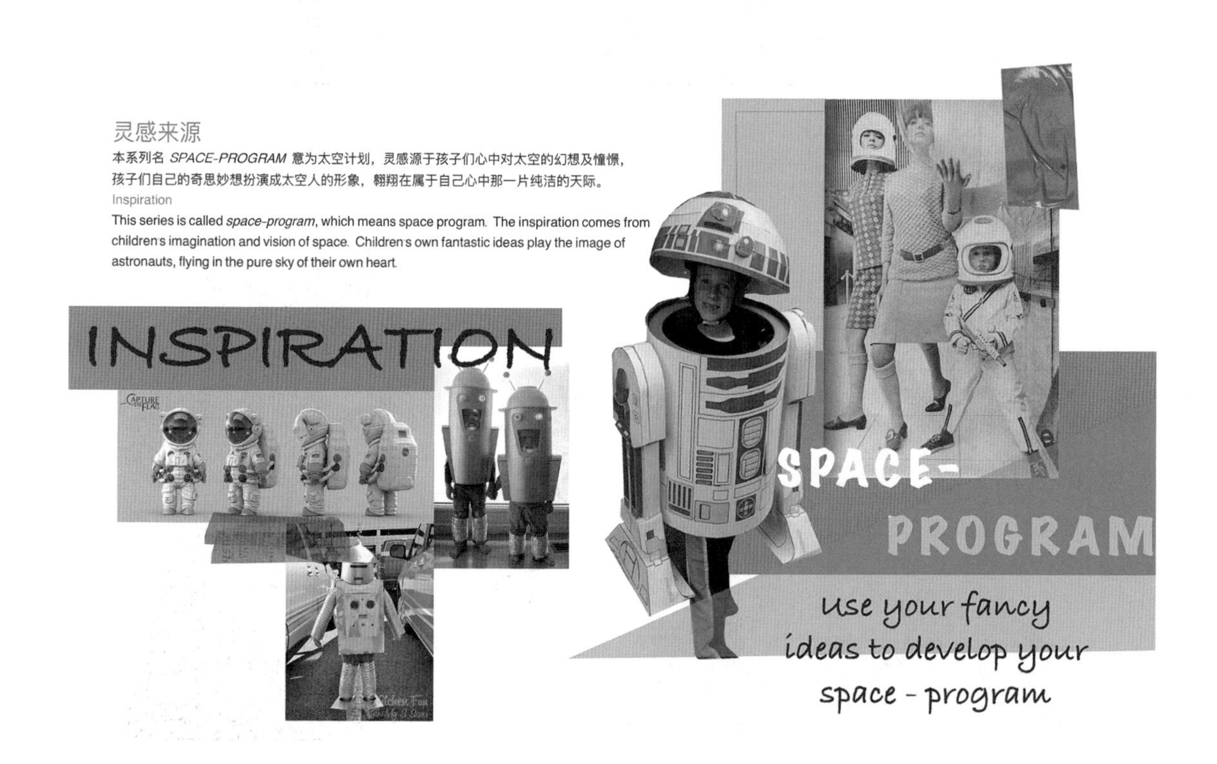

图8-25　曾巧*SPACE PROGRAM*系列童装设计作品灵感来源

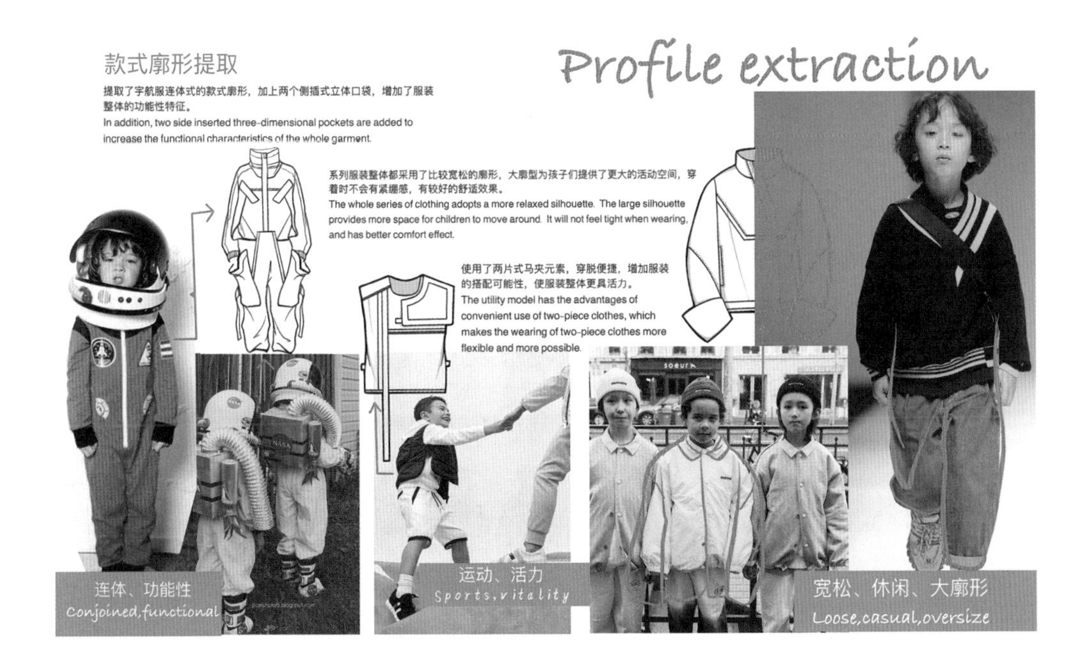

图8-26　曾巧*SPACE PROGRAM*系列童装设计作品款式廓形提取

图8-27　曾巧*SPACE PROGRAM*系列童装设计作品色彩提取

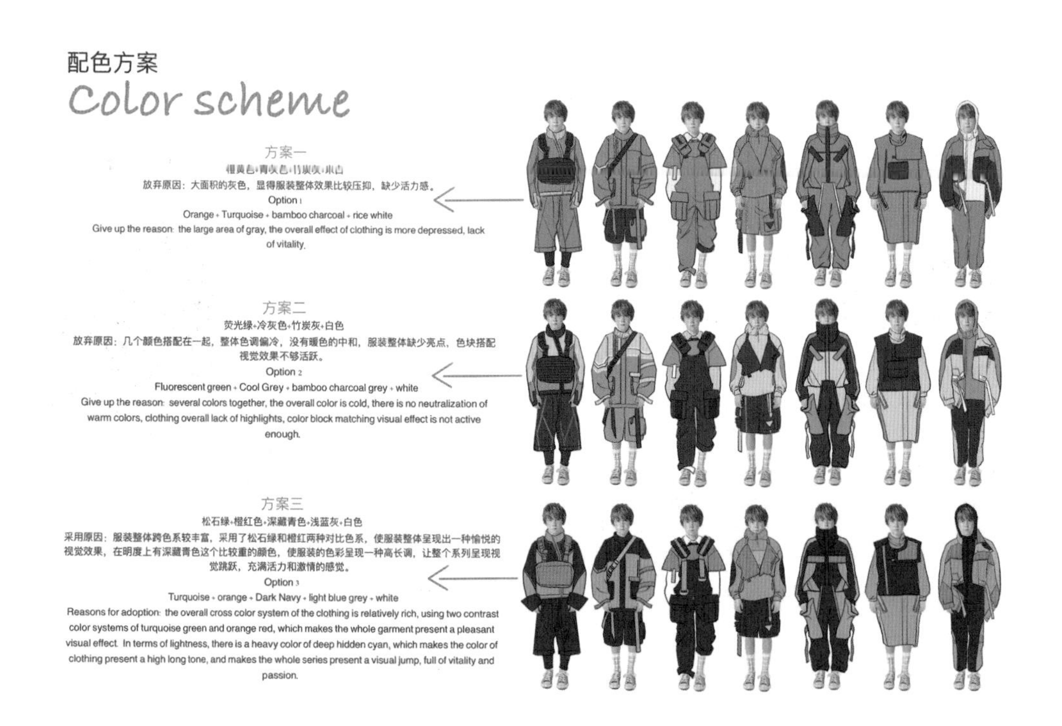

图8-28 曾巧*SPACE PROGRAM*系列童装设计作品配色方案

图8-29 曾巧*SPACE PROGRAM*系列童装设计作品效果图

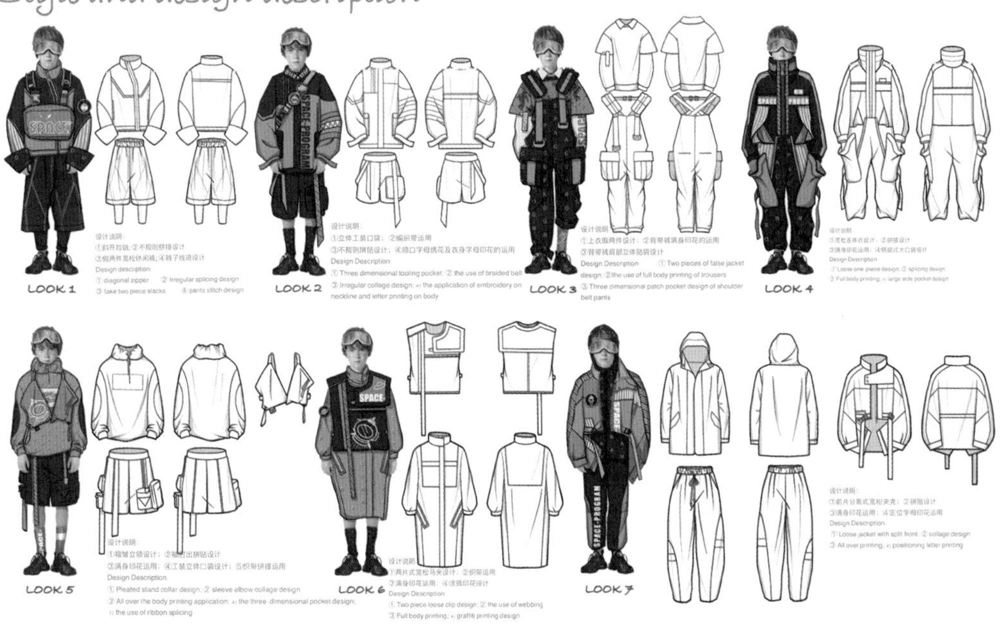

图8-30　曾巧*SPACE PROGRAM*系列童装设计作品款式图

图8-31　曾巧*SPACE PROGRAM*系列童装设计作品面料参考

第五节 *RI NASCERE*系列女装设计作品

“文艺复兴”的概念在14～16世纪时已被意大利的人文主义作家和学者所使用。当时的人们认为：文艺在古希腊、古罗马古典时期曾高度繁荣，但在中世纪“黑暗时代”却衰败湮没，直到14世纪后才获得“再生”与“复兴”，因此称为“文艺复兴”。文艺复兴的意大利文写作Rinascimento，就是由Ri“重新”和Nascere“出生”构成。文艺复兴时期的人们怀念古典时期的文艺繁荣，而文艺复兴本身也作为一个艺术繁荣的辉煌时期，为许多现代艺术家提供了源源不断的创作灵感。

*RI NASCERE*系列女装设计作品以文艺复兴三杰之一米开朗基罗的雕塑和绘画作品，以及当代艺术家对米开朗基罗作品的二次创作为切入点展开研究与创作。米开朗基罗痴迷于人体线条之美，擅长把人体的肌肉廓形凸显出来，手绘人物大多具有浮夸的肌肉。从夸张的肌肉线条中提取廓型和服装结构，由当代艺术家的作品中提取色彩与图案纹理，将它们重新组合创造。设计师将本系列命名为“ RI NASCERE ”就是源于此，设计师认为无论是文艺复兴本身还是当代艺术家对于文艺复兴时期经典作品的再创作、再次诠释等都是一次作品的重新出生。

*RI NASCERE*作品详情如图8-32～图8-41所示。

图8-32　贾迎迎*RI NASCERE*系列女装设计作品灵感来源

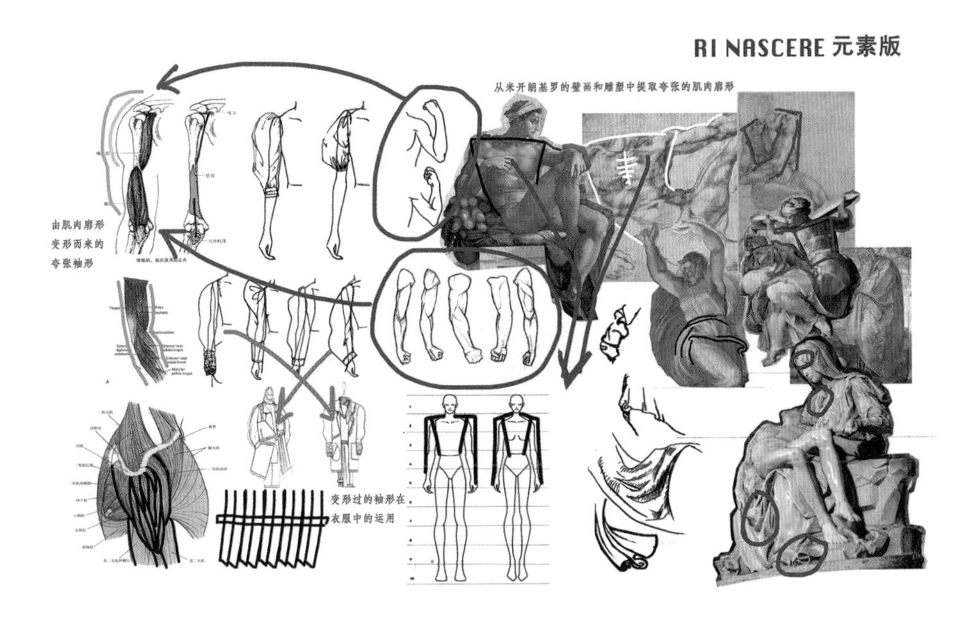

图8-33　贾迎迎*RI NASCERE*系列女装设计作品元素提取

图8-34　贾迎迎*RI NASCERE*系列女装设计作品色彩提取

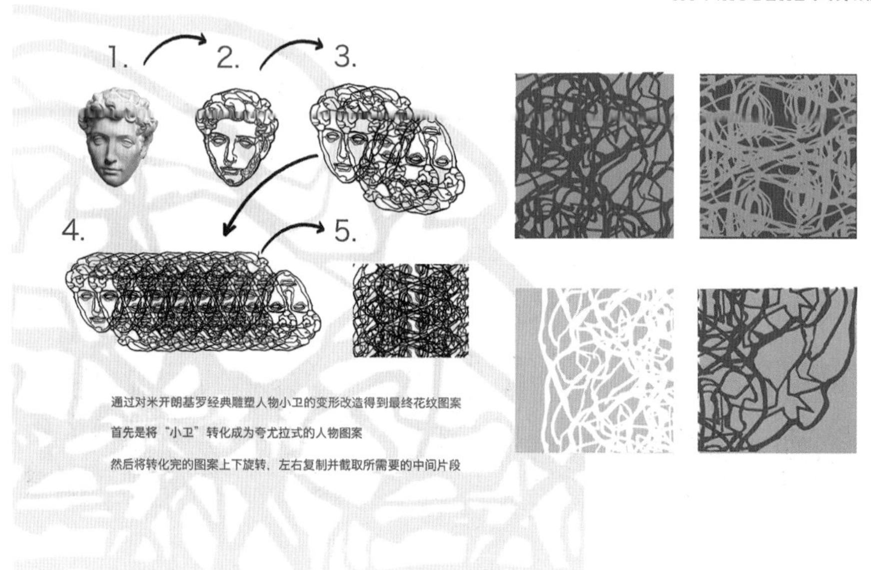

图8–35　贾迎迎*RI NASCERE*系列女装设计作品图案提取

图8–36　贾迎迎*RI NASCERE*系列女装设计作品流行趋势素材

图8-37　贾迎迎*RI NASCERE*系列女装设计作品拼贴

RI NASCERE 草图版

图8-38　贾迎迎*RI NASCERE*系列女装设计作品草图

图8-39　贾迎迎*RI NASCERE*系列女装设计作品款式图

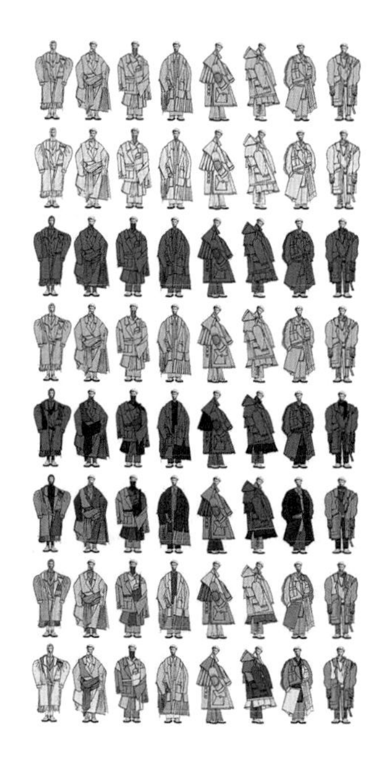
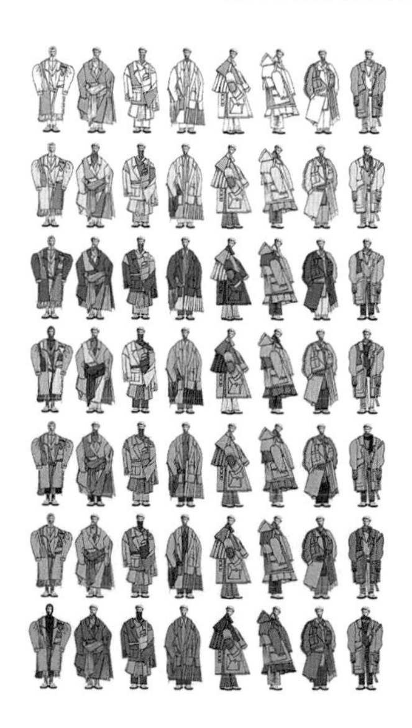

图8-40　贾迎迎*RI NASCERE*系列女装设计作品配色版

RI NASCERE

图8-41　贾迎迎*RI NASCERE*系列女装设计作品效果图

参考文献

[1] 王伊千，李正，等. 服装学概论［M］. 北京：中国纺织出版社，2018.
[2] 高亦文，孙有霞. 服装款式图绘制技法［M］. 上海：东华大学出版社，2019.
[3] 刘婧怡. 时装设计系列表现技法［M］. 北京：中国青年出版社，2014.
[4] 史蒂文·费尔姆. 国际时装设计基础教程［M］. 北京：中国青年出版社，2013.
[5] 比纳·艾布林格，等. 手绘服装款式设计与表现［M］. 北京：中国青年出版社，2018.
[6] 唐伟，李想. 服装设计款式图手绘专业教程［M］. 北京：人民邮电出版社，2021.
[7] 李正，王小萌，等. 服装设计基础与创意［M］. 北京：化学工业出版社，2019.
[8] 郭琦，方毅，等. 手绘服装款式设计1000例［M］. 上海：东华大学出版社，2021.
[9] 李正，岳满，等. 服装款式创意设计［M］. 北京：化学工业出版社，2021.
[10] 邓琼华，丁雯. 服装款式设计与绘制［M］. 北京：中国纺织出版社，2016.
[11] 李飞跃，黄燕敏. 服装款式设计1000例［M］. 北京：中国纺织出版社，2016.
[12] 潘璠. 手绘服装款式设计与表现1288例［M］. 北京：中国纺织出版社，2019.
[13] 陈培青，徐逸. 服装款式设计［M］. 北京：北京理工大学出版社，2014.
[14] 李爱敏. 服装款式设计与训练［M］. 北京：中国纺织出版社，2013.
[15] 胡越，等. 服装款式设计与板型·裙装篇［M］. 上海：东华大学出版社，2009.
[16] 李楠. 服装款式图设计表达［M］. 北京：中国纺织出版社，2019.
[17] 罗仕红，等. 现代服装款式设计［M］. 长沙：湖南人民出版社，2009.